現場視点で読み解く

ISO 22000：2018の実践的解釈

矢田富雄　著

IRCA/JRCA登録：食品安全マネジメントシステム主任審査員

幸書房

推 薦 の 言 葉

このたび矢田富雄さんが「現場視点で読み解く ISO 22000：2018 の実践的解釈」を上梓されました。矢田さんとはかれこれ 20 年のお付き合いになりますが，食品安全にかける情熱は 20 年前と変わることなく，長い間常に勉強と努力を惜しまない姿勢にいつも頭が下がる思いをしてきました。

その成果が過去 4 冊もの単行本を出版するという素晴らしい成果に繋がっているものと感服しております。

今般の ISO 22000：2018 年版は，ISO マネジメントシステム規格の作り方が 2012 年の ISO/IEC の Directive の改正で共通テキスト化されたことに端を発しているものです。附属書 SL（共通テキスト）と呼ばれるその規格作成者向けの指針が発行された経緯および効用については本書では詳しく説明がされています。

マネジメントシステムは，企業にある経営の仕方の流儀といってよく，したがってどの組織にもあるものと捉えられます。もとより企業の目的は利益の創造にありますが，マネジメントシステムはその目的を達成させるためになくてはならないツールです。

ISO 9001，ISO 14001 に基づく認証は，ややもすると形骸化したものとして社会の信任を下げつつありますが，食品安全においてはその活動の成果が必ず企業にもたらされるということが強く望まれます。われわれ一般消費者が毎日口にする食品の品質安全およびその信頼性を高め，顧客に安全と安心を与えるマネジメントシステムは，社会に存在する食品会社すべてに必要なものとして構築されるべきものです。

組織の品質不祥事が議論されている今日，附属書 SL（共通テキスト）に基づいた ISO 22000 の実践的解釈は，食品関係の組織にマネジメントシステム構築，運用の道標を与えるものとして社会で広く活用されることが期待されます。ここに，日々食品安全を推進している多くの食品関係者の進むべき方向を与える良書が提供されたことで，より一層正しい食品安全マネジメントシステムの構築，運用が進むものと思います。

特に箇条 8 運用においては，CCP，HACCP，OPRP などの食品安全マネジメントシステムの核となる分野において，豊富な事例をフローチャート，図解などを用いて，解りやすく解説していることから，本書は実践的解釈の書名どおり現場のフロントラインで使えるもとして高く評価することができます。

本書が世の中に広く普及し，多くの組織の階層の人たちに読まれ，社会の食品安全の確立に貢献していくことを期待し，本書を多くの皆さまに推奨したいと思います。

平成 31 年 2 月 3 日

株式会社　テクノファ　取締役会長　平 林 良 人

はじめに

ISO 22000：2018年版が発行された。約13年ぶりの改定であり，2018年6月19日のことである。ISO規格としては異例の長期間にわたって維持されたものである。規格様式の変更を含めると大改定である。その大改定の一つの要素は，主要なISO規格が「Annex SL（アネックスエスエル）」を導入して規格の改訂が行われることになったためである。ISO 22000は主要規格であると判定されて，この「Annex SL」を導入した規格の改訂が行われたのである。

「Annex SL」をご存知の方は多いのかと考えられるが，より詳しくは「ISO 22000のあゆみ」で詳しくふれるとして，ここではその持つ意味を少し述べておく。

ISO 22000が2018年に「Annex SL」を導入したのであるが，実はISO 9001，ISO 14001およびISO 27001などの主要な規格は，2015年にすでに導入されている。

「Annex SL」とは，ISO/IECでの規格作成の専門家に示された，ISO諸規格の統一性を保つための守るべき規則指示書の一つである。

この「Annex SL」を導入する前には，例えばISO 9001の規格の要求事項は「4.　品質マネジメントシステム」から始まって，「5.　経営者の責任」，「6.　資源の運用」，「7.　製品実現」，「8.　測定，分析及び改善」であるが，ISO 14000では「4.　環境マネジメントシステム」から始まり，「4.0　一般」，「4.1　環境方針」，「4.2　計画」，「4.3　実施及び運用」，「4.3　点検及び是正処置」，「4.5　経営者による見直し」となっていた。

この両規格の流れを見ると明らかなように，不統一であり，要求事項を実施する責任者としての管理者の立場を考えているようには見られない。

ISO 9001もISO 14001も，その実務は同一組織の同一従業員が実施するものであり，同一の会社で，同一組織の，同一の従業員が教育訓練を受けるものであるが，このような統一されていない規格をどんどん作り上げると何のための規格かわからなくなってしまうのである。なぜこんなことになってしまうのかと考えるが，おそらくISO 9001を構築するメンバーとISO 14001を構築するメンバーとの間に全く連携がなかったためではないだろうか。「Annex SL」はこうした不統一の状況を改善するために出されたのである。

今回のISO 22000の規格は，この「Annex SL」に則って構築されている。「序文」に始まり，「1.　適用範囲」，「2.　引用規格」，「3.　用語及び定義」，「4.　組織の状況」，「5.　リーダーシップ」，「6.　計画」，「7.　支援」，「8. 運用」，「9. パフォーマンス」及び「10. 改善」となっており，この規格の流れは，すでに2015年に「Annex SL」に基づいて構築されているISO 9001，ISO 14001と同一である。

ISO 9001とISO 22000の規格を実施する対象は全く同じであるとは言えないが，各規格の実施すべきことが何であるかということについては，経営者から始まり，リーダーから従業員に至るまで明確にわかってくるのである。

今回の「Annex SL」における「4.　組織の状況」のような要求事項は，これまでの規格では，見られなかったもので，内容としては，それまでの規格外の「序文」や「適用範囲」の中にあったものである。この「4.　組織の状況」などは，自社の現在の実態を検討することにより，自社の状態を考えてみるうえで大変役立つものであり，こうしたところにも「Annex SL」の効果が出ているのではないかと思われる。

一方，従来の規格と比較して，大きく変更されたのは“OPRP”の用語の説明である。これまでの，OPRP の用語は，ISO 22004 に記述されたものが適切なものであったが，ISO 22000：2005 の用語の解説は間違っていた。しかしながら，今回の ISO 22000：2018 の用語の解説は ISO 22000：2014 から引用しており，適切なものであり，安心して活用できるようになったのである。

ISO 22000：2005 の規格の中での要求事項における OPRP および HACCP プランは，これまでも適切なものであったが，ISO 22000：2005 の用語の解説は適切とは言えなかったのである。それが，ISO 22000：2018 では適切に変更されたのである。

今回の ISO 22000：2018 における用語の解説を非常にきめ細かく示してくれてあり，これはぜひとも適切に活用したいものである。

以下は，各種要求事項に関して解説をしていくので参照していただきたい。

なお，本書の出版に際しては，夏野雅博㈱幸書房代表取締役社長に絶大なご支援，ご尽力を賜り，日本規格協会とも著しい情報交換をいただきました。

また，平林良人㈱テクノファ取締役会長，青木恒亨㈱テクノファ代表取締役および須田晋介㈱テクノファ取締役コンサルティング事業部長に貴重なアドバイスを頂戴いただきました。本書面にて心からお礼を申し上げます。

2019 年 4 月

湘南 ISO 情報センター　矢田 富雄

目　　次

序論――ISO 22000のあゆみ

(1) Codex HACCPの展開

ISO 22000は，国連のFAO/WHOの下部機関である国際食品規格委員会（Codex Alimentarius Commission）が制定したHACCPのガイドライン（Hazard Analysis and Critical Control Point (HACCP) System and Guidelines for its Application：以下，「Codex HACCPガイドライン」という）を，世界の貿易における自由化を目指すISO（International Organization for Standardization：国際標準化機構）が，審査のできる規格にしたものである。

国際食品規格委員会におけるHACCPの教育資料によれば，HACCPの起源には，2つの流れがあると記述されている。その第1の起源は，1950年代の日本における商品の品質を一変させたデミング博士と，その博士を取り巻く日本の研究者の努力にあり"品質は工程で作りこむ"という思想であるとされている。

第2の起源は，NASA航空宇宙局での研究者による宇宙飛行士への安全で，美味しい食事を食べてもらうための，その開発研究の成果によるものであるとされている。

この研究では，主として菌のいない安全な食品を作ろうとしたのであるが，菌がいない食品を作ろうとすると，作り上げた食品を，検査で分析せざるを得ないことになるのである。

食品の中の菌は均一ではなく，菌を検査して安全な食品を作るのは不可能であるとして，諦めかけていたとのことである。ところが，日本の品質管理の考え方である"品質は工程で作りこむ"との思想を応用することで，食品を作る過程で菌の動静が異なってくることに気づき，そのことによって，菌のいない安全な食品を作ることに成功したとのことである。1960年代のことである。

その後，このHACCPはアメリカで発展していった。事例としては，缶詰におけるボツリヌス菌の食中毒防止や，O-157による食中毒の防止などとに大きな成果を上げたのである。その成果を見た国連の下部機関である国際食品規格委員会では，このHACCPを世界の食品安全のガイドラインにしようとして，まとめ上げたのである。

一方，このHACCPが制定されると，日本も含めて，世界各国間で自国のHACCP制定のための競争が始まった。その対象製品は，自国の重要製品のためのHACCPであり，そのために，各国においては，非関税障壁ができる危険性が生じたのである。そこで，世界の貿易自由化を目指すISO（International Organization for Standardization：国際標準化機構）は，ISO 9001を規格化して，非関税障壁を防いだように，食品の貿易でも非関税障壁を排除する必要があると考え，世界のHACCPを統合しようと考えたのである。その結果で完成したものが ISO 22000：2005 であり，貿易の自由化を守る食品安全規格である。

なお，この HACCP に関しては，日本では，標準化された呼称はない。ハセップ，ハサップ，ハシップ，エッチ・エイ・シー・シー・ピーなどと呼ばれている。

(2) ISO 22000 における OPRP の誤解

ISO 22000：2005 の開発者には申し訳ないが，筆者が ISO 22000：2005 を読み，その規格の用語を見たときにがっかりしたのである。“OPRP の用語の解説に誤りが見られた”のである。

筆者は，1998 年頃から，勤務先の審査会社の役員から HACCP の審査規格を作成し，審査してほしいとの要請を受けていた。そのためには，国際食品規格委員会（Codex Alimentarius Commission）が制定した HACCP のガイドラインを当該審査会社で使用させていただき，「ISO9001-HACCP」という審査規格を作成しようと考えていたのである。

さいわい，Codex には弊社の知人がいたので，その知人を通じて，Codex HACCP 担当者との連絡を取っていただき，インターネットを介して連絡を取りながら，該当する規格を作ろうとして交渉をしたのである。

約 1 年間の交渉の結果，担当者から Codex HACCP を使用してよいとの了解をいただき，さらに Codex の資料も当審査会社で使用してよいとの了解もいただいた。そして待望の自社の HACCP 審査規格を制定して「ISO9001-HACCP」と命名し，Codex の HACCP 規格の参考書も「国際食品規格ベーシックテキスト」と命名して自社規格として発行し，審査を開始したのである。

その当時，Codex HACCP には OPRP という用語はなかった。しかしながら，実は，国際食品規格委員会（Codex Alimentarius Commission）における HACCP の教育資料の中に，その根源があったのである。すなわち，HACCP の教育資料のセクション 3 における生物学的，化学的および物理的ハザードの管理手段の選択例の中に，以下のような記述があった。

“Codex の一般衛生原則である GMP あるいは GHP を活用して，食品安全ハザードが完全に管理できないかどうかを評価すること”との要求が求められていた。さらに，“HACCP チームは現場検証をして，該当するハザードが GMP/GHP の管理手段で完全に管理できるかどうかを検証する必要がある”と記述されていたのである。“もし，食品安全ハザードが GMP/GHP の手段で完全に管理されれば，生物学的，化学的及び物理的ハザードの欄に，GMP/GHP でハザードが完全に管理されるとのことを記述すること”が求められていた。また，“一方，GMP/GHP で完全に管理できない食品安全ハザードがあれば，その管理手段は CCP かどうかを決定するために解析する必要がある”と記述されていた。

すなわち，Codex HACCP では，まず GMP/GHP で管理できる食品安全ハザードを

GMP/GHP で管理することができると決めて，その後，CCP で管理すべきものを設定していく，という考え方であったのである。

GMP/GHP は良品作りのシステムなので，当然のことながら Critical Limit のような必須の許容限界の設定は必要ではなく，良品作りの過程で，食品安全ハザードが除かれるものを対象としていたのである。

このことは，ISO22000 の規格検討委員会の中で，“OPRP” に相当する管理手段のあることを知っていた方がいたのであろうし，それを，ISO 22000 に導入したのであろうと筆者は考えている。

この段階で，OPRP という名称を導入した委員会の方は「ISO/DIS 22000：2004」に以下のように “注釈” をしている。

“管理手段の第 1 の目的が食品安全以外（例：食品加工）である場合は，ハザード管理は 2 次的なものとなる。このような管理手段の有効性の不足が容易に検出可能な場合（例：パンの焼き方の不足），管理手段は，ハザード水準に対するその影響は大きいが，オペレーション PRPs を通じて効果的に管理することができる。”

ISO 22000 に関しては，DIS の段階までは規格とその解説が一冊の書類のなかに入っていたし，OPRP という管理手段も導入されていた。しかしながら，ISO 22000 が FDIS になった段階で規格に解説が入るのはおかしい，という意見があり，FDIS の段階から “規格と解説が分けられた” のであった。IS の段階では，“規格” は ISO 22000：2005 に記述され，“規格の解説” は ISO/TS 22004：2005 に記述されたのである。その際，OPRP の用語の解説は ISO 22000：2005 のものと ISO/TS 22004：2005 のものとは異なったものになったのである。

(3) ISO 22000：2005 における規格の理解不足

ISO 22000：2005 の規格が完成した際に，その ISO 22000：2005 の中には 2 か所にわたって，“ISO 22000：2005 の規格の解説は ISO/TS 22004 を参照するように” と記述されていた。しかしながら，ISO/TS 22004 に関しては “英文のみ” であり，その内容を見た人と見ない人とがおり，そのために日本の中ではおおかたの人たちは OPRP に関して，ISO 22000：2005 の用語の意味を信じており，ISO/TS 22004 の内容の主張を認めないない審査機関も見られたのである。

筆者は ISO 22000：2005 の規格の主任講師をしていたこともあり，その当時は認定機関から認定を受ける制度があったので，その認定機関との間で相当の論議が行われた。日本においては，認定機関でさえ，そのような状態であったのである。

その後，ISO/TS 22004 は ISO 22004：2014 に昇格して ISO 規格になり，その用語の解説は，ISO 22000：2018の段階でISO 22004：2014のOPRPの用語に統一されたのである。聞くところによると，今回の2018年版構築では，OPRPの問題で乱れが生じたともいわれている。

(4) ISO規格の認定制度の排除

ここで話は変わるが，かつてISOに関しては，その認定資格を持っていないと審査員にはなれないという制度があった。また，審査員の経歴も認定資格に組み込まれていた。筆者はIRCAおよびJRCAでISO 9001およびISO 22000の審査員の認定資格を取得していた。しかしながら，認定機関であっても自組織の審査員が認定資格を取得しなくてよくなり，認定機関でも審査員の正規の認定制度が不要になり，ISOの認定機関による認定制度は現在，強制的な制度はなくなり，審査会社が審査員を教育すればよい，となったのである。その結果，日本語の正規のISO規格による教育が行われるという保証がなくなったのである。

ISO 9001の場合は，日本国家規格であるJISと国際規格とは，内容面で整合性が図られているが，例えば，ISO 22000の日本語版はJIS規格ではなく，単に“日本で翻訳した”というだけであり，国際規格と整合性が図られてはいないのである。その結果，“各審査組織の間で正しい規格を教えている”とも言えなくなったのである。これは，顧客に対して大変迷惑なことである。

筆者は現在でも審査員であり，英国および日本におけるISO 22000の資格を所持している。現在，研修生を預かることも多いのであるが，その際，正規の教育機関で規格を学んできた研修生は，短時間で審査員資格に適合している。審査員を希望する方々は，伝統ある教育機関できちんと規格を学んでくることが望ましいと考える。その方が，顧客に対しても望ましいことである。

(5) ISO 22000：2005規格におけるOPRP要求事項

ISO 22000：2005におけるOPRPに関しては，その“用語の解説”は誤っていたが，規格本文の中での記述は正しい解釈が書かれていたのである。規格の本文を正しく理解した人たちの間では，正しいISO 22000：2005が運用されているところも見られたが，日本におけるおおかたの審査員は，「用語の解説」のOPRPを使用されていたので，誤った解釈がなされているところが多かった。これは，伝統のある教育機関で教育を受けていなかったからである。

(6) ISO 22000規格の理解の不足

ISO 22000：2005の規格の中で，2か所にわたって，“ISO/TS 22004を参照するように”と記述されていたのであるが，現在も審査員である筆者が審査で見るコンサルタントの方々が制定している規格は，おおかたのものが誤っていた。これは，コンサルタントの方々がISO 22000を隅々まで正確には読んでいなかったということであろう。

ISO規格の中に「適切性，妥当性及び有効性」という要求事項がある。“適切性とは組織の事業に相応しい”というものであり，“妥当性とは要求事項に適合し，適切に実行されている”というものであり，“有効性とは期待通りの結果が得られている”というものであるが，筆者は，会社経営をつかさどるISO 9001は別として，法や技術をつかさどるISO 14001やISO 22000のような規格では，最も大切なのは“適切性”であると考えている。まず，組織の事業に相応しい規格ができていることが大切であり，コンサルタントの方々は，規格に忠実な，文書化された書類作りを徹底して指導してほしいと考えている。

例えば，菌は20分で倍々と増加するものもある。ISO 22000においては，その考え方で，安全な食品製造の規格を作らなければならないのである。この場合の管理手段は“時間”である。

また，米は，土から作られる。そのため，石ころなどの固形異物が残存している可能性があるし食中毒菌とされているセレウス菌もいる。土地によってはカドミウムに汚染された玄米が穫れる場合もある。精米設備には，各種異物除去機が設置されているが，その機器が不調になれば異物は取り除けないのである。そのような考え方で精米機を管理しなければいけないのであり，設備が故障のない状態にあることを常に確認しないといけないのである。

加えて，精米機ではセレウス菌は除去できない。日本では，米は加熱調理をして食べるという常識があるので，調理の加熱の過程で除去できる。しかしながら，芽胞菌となったものは加熱では容易に死滅しない。菌を不適切な温度状態で放置すると，有害なセレウス菌が増殖し，許容水準を超えて食中毒を発生させてしまう。フードチェーンにおける調理では，セレウス菌が増殖する温度を短時間で通過させることで食中毒発生を防がねばならないのである。

日本では，フードチェーンにおいて調理における温度管理が常識となっているが，そのような常識がない社会では，正しい管理手段の情報を伝えるコミュニケーションが必須となる。そのためにも，コンサルタントは，安全な食品を作るための管理手法を学んだうえで，その仕組みを構築するための知識を持つことが大事なのである。

ただ，米を毎日扱っている精米工場の従業員と，ISO 22000の内容をよく理解している審査員やコンサルタントの力量は，同じであるはずがない。そのため，審査員やコンサルタントは両者の力量の違いを認識して，従業員の知識を引き出し，活かしてやれる力量を持つことが大切なのであり，それによって，確実な食品安全の仕組みを構築できるのである。

(7) ISO 22000 における適合性の考え方

ここで，“ISO 22000 に関しての適合性の考え方”に関して述べてみる。「適合性」というのは，規格にそのままあてはめる，ということではなく，まずはその規格を正しく理解することが必要なのである。筆者は複数の審査会社で審査をしてきたが，規格を正しく理解しないで，自らの考え方に走ってしまうコンサルタントを見ることが多かった。食品というと，人が日々食べており，非常に身近なものなので，“食品ならこんなものだ”として ISO 22000 の規格構築に至るコンサルタントが少なからずいた。しかし，食品の中には，人に対して有害物質があったり，許容水準という限界があったりする。その限界を超えたものを人に食べさせてはいけないのである。

(8) ISO 22000：2018 規格と「Annex SL」

「Annex SL」に関してはご存知の方も多いと思われるが，念のためその概要を述べる。「Annex SL」とは，ISO/IEC での規格作成の専門家に示された，守るべき規則指示書の 1 つなのである。“Annex”とは“附属書”という意味であり，SL とはその附属書の順番である。A 番，B 番，SA 番，SK 番などの番号があり，「Annex SL」とは SL 番目の番号であることを示す記号である。

「Annex SL」の採用の基に制定される規格の構成は，次のような順番になっている。

“序文，1. 適用範囲，2. 引用規格，3. 用語及び定義，4. 組織の状況，5. リーダーシップ，6. 計画，7. 支援，8. 運用，9. パフォーマンスの評価，10. 改善”であり，これを規格の上位構造という。

この，「Annex SL」に基づいて制定されるすべての規格は，同じ章立てとなっている。また，8 章を除いた，4 章以降の章には共通の文書が決められている。規格が異なっても原則同一の章立てで，同一趣旨に相応しい文書となったのである。8 章だけは各規格固有の要求事項になっている。

ISO 9001 および ISO 14001 は，2015 年からこの「Annex SL」を採用しているので，4～7 章，および 9～10 章まではほぼ同じ構成になっている。ISO 22000 も 4～7 章，および 9～10 章まではほぼ同じ構成になっている。一方，8 章には ISO 22000 固有の要求事項が採用されており，この 8 章だけは，これまでの規格に類似している。

改訂された ISO 22000 を見るとき，ISO 22000：2005 の内容が部分的には 4～10 章に移っているのであるが，ISO 22000 の中心的な要求事項は 8 章なのである。

今回の ISO 22000：2018 における用語の解説は非常にきめ細かく示されており，これはぜひとも適切に活用したいものである。

以上のように，構成を見るとき「Annex SL」の採用に戸惑うところもあるかもしれないが，4 章や 5 章は，組織の規格を運用するときにはごく当たり前なことである。のちに示す解説を参考にしていただきたい。

一方，6章に示された“リスク”という考え方は，戸惑うことがあるかもしれない。しかし，計画を立てて事業を進めるときには，当然のことながら，すべての成果が計画通りに推進できるとは限らないので，その場合は，計画を変更しなければならないとの覚悟を決めて，どのような手を打つのかを考慮しておく必要がある。

7章では，規格運営の資源をどう配分するのかと，要員の力量を考慮し，また，内外のコミュニケーションをどう進めていくのか，文書化した情報（文書及び記録）をどう扱っていくかについて対応する必要がある。

8章では，ISO 22000の運営に関する詳細な要求事項が構成されている。まさに，ISO 22000における食品安全の総仕上げの規格が定められているのである。前提条件プログラムのPRPsに始まり，製品の汚染を予防し製品が危険に陥る工程を見出して，OPRPsおよびHACCPプランによって危害要因を除去し，工程を運用していくのである。

この8章は危害要因を除去する工程であるが，ミスが発生する危険性がある工程でもある。万一，ミスが発生した時には，製品の回収が必要になることがある。トレーサビリティを発動する可能性もあり，工程の改善が求められる，全力投入する必要がある章である。

9章では，会社を運営するとき，成果獲得がどのように推進されているのか，どうのように成果を挙げているのかの検討を進めていくことが求められている。そこで，内部監査やマネジメントレビューを実施しながら，進む方向を見出していくのである。

10章では改善の推進が求められており，不適合に関する改善や，システムの改善が求められている。

(9) ISO 22000：2005とISO 22000：2018の位置づけとその規格のOPRPの違い

すでに記述したが，従来の規格と比較して大きく変更されたのは，“OPRP”の用語の説明である。これまでの，OPRPの用語は，ISO/TS 22004，その引き続かれたISO 22004に記述されたものが適切なものであったが，ISO 22000：2005の用語の解説は間違っていた。しかしながら，今回のISO 22000：2018の用語の解説はISO 22004：2014から引用しており適切なもので，安心して活用できるようになったのである。

ISO 22000：2005の，規格の中での要求事項におけるOPRPおよびHACCPプランは適切なものであったが，ISO 22000：2005の用語の解説は適切とは言えなかったのである。それが，ISO 22000：2018では適切に変更されたのである。

ただし，「はじめに」でも述べたが，今回の規格の中ではOPRPとHACCPプランの差異が記述されてはいない。そのため，本書では8章の「**8.5.2.4**」に詳しく述べている。

ISO 22000：2018 と ISO 22000：2005 との対比

ISO 22000：2018		ISO 22000：2005
4	組織の状況	新規見出し
4.1	組織及びその状況の理解	新規
4.2	利害関係者のニーズ及び期待の理解	新規
4.3	食品安全マネジメントシステムの適用範囲の決定	4.1（及び新規）
4.4	食品安全マネジメントシステム	4.1
5	リーダーシップ	新規見出し
5.1	リーダーシップ及びコミットメント	5.1，7.4.3（及び新規）
5.2	方針	5.2（及び新規）
5.3	組織の役割，責任及び権限	5.4，5.5，7.3.2（及び新規）
6	計画	新規見出し
6.1	リスク及び機会への取り組み	新規
6.2	食品マネジメントシステムの目標及びそれを達成するための計画策定	5.3　（及び新規）
6.3	変更計画	5.3　（及び新規）
7.0	支援	新規見出し
7.1	資源	6
7.1.1	一般	6.1
7.1.2	人々	6.2，6.2.2（及び新規）
7.1.3	インフラストラクチャ	6.3
7.1.4	作業環境	6.4
7.1.5	外部で開発された食品安全マネジメントシステムの要素	1（及び新規）
7.1.6	外部から提供されたプロセス，製品又はサービスの管理	4.1（及び新規）
7.2	力量	6.2.1，6.2.2，7.3.2
7.3	認識	6.2.2
7.4	コミュニケーション	5.6
7.4.1	一般	6.2.2（及び新規）
7.4.2	外部コミュニケーション	5.6.1
7.4.3	内部コミュニケーション	5.6.2
7.5	文書化した情報	4.2
7.5.1	一般	4.2.1，5.6.1
7.5.2	作成及び更新	4.2.2
7.5.3	文書化した情報の管理	4.2.2，4.2.3（及び新規）
8	運用	新規見出し
8.1	運用の計画及び管理	7.1（及び新規）
8.2	前提条件プログラム（PRPs）	7.2
8.3	トレーサビリティシステム	7.9（及び新規）
8.4	緊急事態への準備及び対応	5.7
8.4.1	一般	5.7

8.4.2	緊急事態及びインシデントの処理	新規
8.5	ハザードの管理	新規見出し
8.5.1	ハザード分析を可能にする予備段階	7.3
8.5.1.1	一般	7.3.1
8.5.1.2	原料，材料及び製品に接触する材料の特性	7.3.3.1
8.5.1.3	最終製品の特性	7.3.3.2
8.5.1.4	意図した用途	7.3.4
8.5.1.5	フローダイアグラム及び工程の記述	7.3.5.1
8.5.1.5.1	フローダイアグラムの作成	7.3.5.1
8.5.1.5.2	フローダイアグラムの現場確認	7.3.5.1
8.5.1.5.3	工程及び工程の環境の記述	7.2.4，7.3.5.2（及び新規）
8.5.2	ハザード分析	7.4
8.5.2.1	一般	7.4.1
8.5.2.2	ハザードの決定及び許容水準の決定	7.4.2
8.5.2.3	ハザード評価	7.4.3，7.6.2（及び新規）
8.5.2.4	管理手段の選択及びカテゴリー分け	7.3.5.2，7.4.4（及び新規）
8.5.3	管理手段及び管理手段の組み合わせの妥当性の確認	8.2
8.5.4	ハザード管理プラン（HACCP/OPRP プラン）	新規見出し
8.5.4.1	一般	7.5，7.6.1
8.5.4.2	許容限界及び処置基準の決定	7.6.3（及び新規）
8.5.4.3	CCPs における及び OPRPs に対するモニタリングシステム	7.6.3，7.6.4（及び新規）
8.5.4.4	許容限界又は処置基準が守られなかった場合の処置	7.6.5
8.5.4.5	ハザード管理プランの実施	新規
8.6	PRPs 及びハザード管理プランを規定する情報の更新	7.7
8.7	モニタリング及び測定の管理	8.3
8.8	PRPs 及びハザード管理プランに関する検証	新規見出し
8.8.1	検証	7.8, 8.4.2
8.8.2	検証活動の結果の分析	8.4.3
8.9	製品及び工程の不適合の管理	7.10
8.9.1	一般	7.10.1, 7.10.2
8.9.2	修正	7.10.1
8.9.3	是正処置	7.10.2
8.9.4	安全でない可能性がある製品の取り扱い	7.10.3
8.9.4.1	一般	7.10.3.1
8.9.4.2	リリースのための評価	7.10.3.2
8.9.4.3	不適合製品の処理	7.10.3.3
8.9.5	回収 / リコール	7.10.4
9	パフォーマンス評価	新規見出し
9.1	モニタリング，測定，分析及び評価	新規見出し
9.1.1	一般	新規
9.1.2	分析及び評価	8.4.2, 8.4.3
9.2	内部監査	8.4.1

9.3	マネジメントレビュー	5.8（及び新規）
9.3.1	一般	5.2，5.8.1
9.3.2	マネジメントレビューへのインプット	5.8.2（及び新規）
9.3.3	マネジメントレビューからのアウトプット	5.8.1，5.8.3
10	改善	新規見出し
10.1	不適合及び是正処置	新規
10.2	継続的改善	8.1，8.5.1
10.3	食品マネジメントシステムの更新	8.5.2

◆ISO 22000：2018 序文の解説◆

―PDCA を取り込んだ ISO 22000：2018 の活用―

(1) 一　般

ここでは，ISO 22000 を FSMS（Food Safety Management Systems：食品安全マネジメントシステム）と呼ぶ。

この FSMS を実施することで次のような有用な事柄が得られる。

1) 顧客要求事項および適用される法令・規制要求事項を満たした安全な食品ならびに製品およびサービスを一貫して提供できる。
2) 組織の目標に関連したリスク（良いこと，良くないことも含めた想定外な出来事）へ取り組み，必要な修正をしなければならない。
3) 規定された FSMS 要求事項に従って進めれば成果をあげることができる。

この規格は，Plan - Do - Check - Act（PDCA）サイクルおよびリスクに基づく考え方を組み込んだプロセスアプローチを用いている。

組織は，プロセスアプローチによって，そのプロセスおよびそれらの相互関係を計画して運用を進めることができる（プログラムとは仕事を実行するための計画であり，プロセスとは 1 つの仕事であり，いくつかのプロセスが相互にまとまって，例えば，1 つの食品ができる)。一方，PDCA サイクルによって組織のプロセスに適切な資源を与え，確実に運用ができ，改善の機会が明確となり，取り組むことができる。

組織は，リスクに基づく考え方によって，自らのプロセスおよび FSMS が計画した結果からの乖離を引き起こし，よい方向に進むこともあるし，好ましくない影響を起こすこともある。その予防，または好ましくない影響を最小限に抑えるための管理を実施することもある。

(2) FSMS における表現形式

FSMS における規格の表現形式では，次のように使用している。

－ “～しなければならない” (shall)　：要求事項を示す
－ “～することが望ましい” (should)：推奨を示す
－ “～してもよい” (may)　：許容を示す
－ “～することができる”，“～できる”，“～し得る” など (can)：可能性また実現能力を示す。

注記によれば，この規格の要求事項の内容を理解するための，または明解にするための手引きであると記されている。

(3) FSMSの原則

食品安全は，消費者による消費の際，食品安全ハザードが存在する場合に課題となる。これはフードチェーン（人が食品を消費する時点における安全食品を確保するために，一連の食品を作り上げる流れの中の組織）のどの段階においても発生する可能性がある。したがって，フードチェーンを通して適切な管理をすることが不可欠である。

食品安全は，フードチェーン内のすべての関係者の協力を通して確保されるものである。

この規格は，一般的にISOで認識されている次の主要素を組み合わせたFSMSに対する要求事項を規定している。

ISOの主要素	主要素の内容
相互コミュニケーション	HACCPは自らのみでは運営できない。フードチェーンの相互の協力でFSMSは成り立つ。
システムマネジメント	方針および目標，ならびにその目標を達成するためのプロセスを確立するために相互に関連するまたは相互に作用する，組織の一連の要素。
前提条件プログラム	組織内およびフードチェーン全体の，食品安全の維持に必要な基本的条件および活動。
ハザード分析および重要管理点（HACCP）原則	重要ハザードを分析し，重要ハザードを除去する活動

ISOマネジメントシステム規格には，ISO共通の原則がある。この規格であるFSMSもこの原則に基づいている。次に，その原則を示す。

ISOマネジメントシステム規格の共通原則	ISOマネジメントシステムの要素
顧客重視	品質マネジメントの主眼は，顧客要求事項を満たすことおよび顧客の期待を超える努力をすることである。
リーダーシップ	すべての階層のリーダーは，目的および目指す方向を一致させ，人々が組織の品質目標の達成に積極的に参加している状況を作り出す。
人々の積極的参加	組織内の全ての階層にいる，力量があり，権限を与えられ，積極的に参加する人々が，価値を創造し提供する組織の実現能力を強化するために必須である。

プロセスアプローチ	活動を，首尾一貫したシステムとして機能する相互に関係するプロセスであると理解し，マネジメント（組織を指揮し，管理するための調整された活動）することによって，矛盾のない予測可能な結果が，より効果的かつ効率的に達成できる。
改善	成功する組織は，改善に対して，継続して焦点を当てている。
客観的事実に基づく意思決定	データおよび情報の分析および評価に基づく意思決定によって，望む結果が得られる可能性が高まる。
関係性管理	持続的成功のために，組織は，例えば提供者のような利害関係者との関係をマネジメント（組織を指揮し，管理するための調整された活動）する。

(4)　プロセスアプローチ

製品およびサービスを増強するためにFSMSを構築し，実施し，その有効性を改善していく際にプロセスアプローチを採用する。相互に関係する個々のプロセスを理解したうえで，組織を指揮し管理していくことは，組織が効果的かつ効率的であり，役立つのである。

プロセスアプローチは，組織の食品安全方針や組織の強みを達成するために，各プロセスや相互関係を活用していくために運用していくことになる。

一方，PDCAサイクルを，機会（望ましい結果）および望ましくない結果（リスク）を防止しすることを含めて運用することで，適切な運用ができるのである。

フードチェーン内における組織の役割や位置を認識することは，フードチェーン全体の効果的な相互コニュニケーションを確保するために不可欠である。

(5)　Plan - Do - Check - Actサイクル

PDCAは次のように説明できる。

－ Plan　：システムおよびそのプロセスの目標を設定し，結果を出すために必要な資源を用意し，リスクおよび機会を特定し，取り組む。
－ Do　：計画されたことを実施する。
－ Check　：プロセスならびにその結果としての製品およびサービスをモニターし，（関連する場は）測定し，モニタリング，測定および検証活動からの情報およびデータを分析しおよび評価し，その結果を報告する。
－ Act　：必要に応じて，パフォーマンスを改善するための処置をする。

この規格では，図1に示されているように，プロセスアプローチは2つのレベルでPDCAサイクルのコンセプトを用いている。最初のレベルは，FSMSの全体の枠組みを対象としている（4〜7章および9章〜10章）。

他方のレベル（運用計画および管理）は，8章に記述するように，食品安全システム内で，運用プロセスを対象としている。したがって，2つのレベル間でのコミュニケーションが極めて重要となる。

HACCPにおけるその後の一連の段階は，消費時点で安全な食品であることを確実にするための，ハザードを予防するか，またはハザードを許容水準まで低減する必要な手段とみなすことができる（8章）。

HACCP適用における判断は科学に基づくものであることが望ましい。また偏りがなく，文書化には，意思決定プロセスにおけるあらゆる仮説を含めることが望ましい。

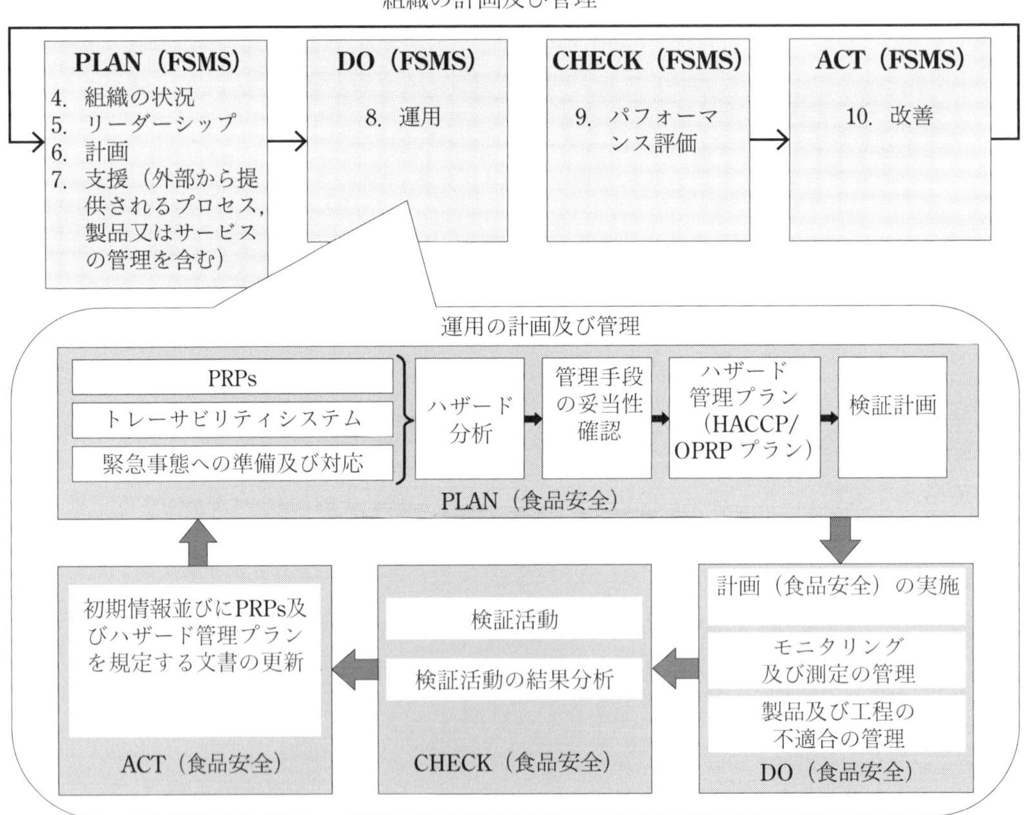

図1　2つのレベルでのPlan-Do-Check-Actサイクルの概念図
（ISO 22000：2018より）

◆ 規格要求事項解説 ◆

食品安全マネジメントシステム

—フードチェーンのあらゆる組織に対する要求事項—

1. 適用範囲

ISO 22000：2018 は，食品の一次生産から販売に至る食品供給の工程（フードチェーン）に直接または間接的に関与する組織が，次の事項を可能にするための食品安全マネジメントシステム（Food Safety Management Systems：FSMS）に関する必要条件を明記するものである。

1) 製品およびサービスの意図する用途に従って，FSMS を計画し，実施し，運用し，維持し，かつ更新するものである。
2) 適用される食品安全法令・規制食品要求事項への適合を実証するものである。
3) 顧客満足を高めるために，顧客要求事項を評価し，判定し，かつそれらの顧客要求事項への適合を実証するものである。
4) フードチェーン内の利害関係者に，食品安全の問題を効果的に伝達するものである。
5) 組織が明示した食品安全方針に適合していることを確実にするものである。
6) 適合を関連する利害関係者に実証するものである。
7) FSMS の，外部組織による認証もしくは登録を求める，またはこの規格への適合の自己評価もしくは自己宣言を行うものである。

FSMS のすべての要求事項は，汎用性があり，規模および複雑さを問わず，フードチェーンのすべての組織に適用できることを意図している。直接または間接的に関与する組織が含まれ，これらには飼料生産者，動物用食品生産者，野生植物および動物の採取者，農家，材料の生産者，食品製造者，小売業者，および食品サービス，ケータリングサービス，清掃・洗浄および殺菌・消毒サービス，輸送，保管および流通サービスを提供する組織，装置，洗浄剤および殺菌・消毒剤，包装材料およびその他の食品と接触する材料の供給者が含まれるが，これらは限定されるものではなく，動物の食品飼料を含めて，安全な食品に関連するものはすべてこの規格の対象にしてよいのである。ただし，その自社規格が，安全な食品に関連するものであることの説明ができる必要がある。

なお，この規格の要求事項を満たすために，内部および / または外部資源を用いることができる。

FSMSでは，小規模および / または小規模な組織（例えば，小規模農家，小規模包装・配送業者，小規模な小売店または食品サービス直販店）が，外部で開発された資料を参考に自社の規格作りの参考とすることは認められている。なお，HACCP系規格では，外部で開発された資料を参考に自社の規格作り行うことは認められているので，大いに活用するとよい。その際大切なのは，外部の規格はあくまでも参考であり，その自社規格が，適切に役立つものでなければならない。

2. 引用規格

この規格に，引用規格はない。

3. 用語及び定義

ここではFSMSの重要な用語を示す。

このISO 22000：2018年版は，「Annex SL（附属書SL）」に基づいてISO9001，ISO 14001などと同様に「8章」以外は要求事項を統一したのである。

その中で，Annex SLの規定には“共通用語とその定義”が決められている。

ここではFSMSの重要な用語とされているものに関して，筆者の理解するその概要を示してみる。

3.1 許容水準

ハザード（危害要因物質）分析において，その段階を超えない安全な製品が得られる水準のことである。

3.2 処置基準

OPRPによりハザード（例えばセレウス菌の栄養細胞）を除去することである。例えばパンを焼く場合は，OPRPでセレウス菌を殺菌するのが目的ではなく，目的は，OPRPのO（Operational：操作）でパンを焼くことがその目的であるが，パンを焼くことにより，結果として，菌が殺菌されるのである。パンを焼くのが目的で，そのパンを焼く過程で菌が殺菌されるので，“処置基準”という。炊飯の過程で美味しいご飯ができるとともにその熱で栄養細胞である菌が殺菌されるのも“処置基準”である。さらに，概略の大きさのサイズの“ストレーナー”で概略の大きさの金属などの固形異物を除去するのも“処置基準”という。

3.3　監査

監査とは，例えば，構築されたマネジメントシステムが，目的通りに運営されているかどうかを検証することである。監査の一つに，社内でFSMSが予定通りに進んでいるかどうかを検証するが，これは，内部監査と言う。FSMSが目的通り運営されているかを検証して，必要な改善処置をするプロセスである。

3.4　力量

ここでの力量とはFSMSの成果をあげ，向上させるために，食品安全の知識とその技能を身に付けることである。

3.5　適合

FSMSの要求事項を目的通り達成すること。

3.6　汚染

汚染は重大なハザードを含まないが，食品を汚すことである。

3.7　継続的改善

FSMSの運営状態を常に向上させることである。

3.8　管理手段

食品を危険な状態にさせるハザードを防止する手段のことである。この手段はOPRPおよびHACCPプラン（CCPをも包含する）である。

3.9　修正

不適合を手直しするための手段である。

3.10　是正処置

不適合が起こったあとでその不適合に対して対策をとることである。

3.11　重要管理点

重要管理点はCCPという。ハザードの管理手段の一つであり，HACCPプランの一つである。HACCPプランは類似のものが幾つもある。これらHACCPプランを全て取り上げていくと，モニタリングをいくつも管理しなければならない。これはモニタリングの無駄使いである。そこで必要最小限のHACCPプランを取り上げて，その重要管理手段をCCPとしている。このCCPで管理手段をモニタリングしていけば効率的な管理手段となるのである。

3.12　許容限界

CCP の工程で許容可能な水準を逸脱している製品が検出されて製造ラインから除去されることがある。例えば，製造中の製品に許容限界外の金属が混入していた場合その製品はライン外に除去されるのである。

3.13　文書化した情報

“ISO”に「Annex SL（附属書 SL）」を取り入れる前には，文書類は“文書”と“記録”にわかれていた。しかしながら，「Annex SL」を取り入れてからは，文書および記録共に“文書化した情報”と呼ぶようになった。ただ，文書と記録を区別するために，正規な呼称ではないが“文書化した情報を維持する”とすると“文書”を示し，“文書化した情報を保持する”とすると“記録”を示すように理解されている。

3.14　有効性

「有効性」とは“役に立つ”，“有効に機能する”ということである。

3.15　最終製品

これ以上，加工されることがない製品を最終製品と表している。

3.16　飼料

食料生産になる動物の餌のことである。この飼料も FSMS 食品安全の一つである。

3.17　フローダイアグラム

FSMS において，食品安全製品を製造するときの，その流れを記述したものである。8 章にフローダイアグラムのモデルがあるので参照すること。

3.18　食品

FSMS において加工された人が食するものを“食品”と呼ぶ。

3.19　動物用食品

人が食する動物に関連する食品を動物用食品という。

3.20　フードチェーン

自社の食品製造にかかわりを持つ原料生産，製品生産，保管，取り扱いに係るすべての業務のことである。

3.21 食品安全

FSMS に従って，安全な原料を受け入れ，食品製造にあたっては，ハザード（危害要因）を除去し，安全注意表示を貼付し，販売に至る安全を保護した食品のことである。

3.22 食品安全ハザード

食品安全ハザードとは，生物学的，化学的および物理的物質で，人に害を与える危害要因のことである。このハザードは，製造から最終調理に至る過程で除去しなければならない。

3.23 利害関係者

自社の食品安全にかかわり合いを持つ人々である。

3.24 ロット

同一の生産条件で生産された食品。

3.25 マネジメントシステム　＜ISO9000：2015 を参照＞

方針および目標を達成し，その目標を達成するためのプロセス（仕組み）を確立するため，相互に関連するまたは相互に作用する，組織の一連の仕組みのことである。

3.26 測定

例えば，ハザードを管理するとき許容限界にあるかどうかを測ることである。

3.27 モニタリング

例えば，ハザードを管理するとき許容限界内にあるかどうかを監視することである。

3.28 不適合

許容限界をはずれていること。

3.29 目標

達成を求める際の指標である。

3.30 オペレーション前提条件プログラム

ハザードを除去する手段の一つである。OPRP のことである。ハザードを除去する手段はOPRPとHACCPプランがあるが，OPRPには許容限界はなく，食品安全製造の操作をしている中で，結果として，ハザードが除去される手段である。「3.2 処置基準」でのパンを焼く，ご飯を炊く，“ストレーナー”で一定の大きさの金属などの固形異物を除去する場合などがOPRPである。

3.31 組織

目標を達成するための個人かグループのことである。

3.32 外部委託する

自社以外の組織に業務を委託することである。外部委託した場合は，関連があればフローダイアグラムに，その内容に組み込まなければならない。

3.33 パフォーマンス

業務成果の内容を求めることである。

3.34 方針

トップマネジメントが正式に表明した方向のことである。

3.35 前提条件プログラム

食品安全をFSMSで管理をするときには3つの管理手段がある。1つ目は前提条件プログラムであり，2つ目の管理手段はOPRPであり，3つ目の管理手段はHACCPプラン（CCP）である。OPRPおよびHACCPプラン（CCP）は直接食品安全を求める管理手段である。一方，前提条件プログラムは人の安全に直接関与はしないが，予防的に，工場の周りや内部などを清潔に保って食品安全を支援するものである。

3.36 プロセス

安全な食品製品を求めてフローダイアグラムに従い，食品安全に取り組む方法や手順である。

3.37 製品

食品安全に取り組む成果である。

3.38 要求事項

FSMSに従って安全な食品を製造していく際の必要な取り組み。

3.39 リスク

食品安全を求めて目標を進めるとき，必ずしもすべてが予定通りに進むとは限らない危険性があり，それをリスクと呼ぶ。このリスクを常に認識して運営を続けなければならない。

3.40 重要な食品安全ハザード

食品安全ハザード分析の中で，管理しないと食品安全に重大な危険のあるハザードである。

3.41 トップマネジメント

組織の最上位の管理者である。

3.42 トレーサビリティ

食品を生産して顧客に届けた後に，製品に異常であるとの懸念が発生した際に，製品回収などの実行が必要とされた場合に，その製品を迅速に追い求めなければならないことがある。この製品の流れを追い求めることを可能とする能力のことをトレーサビリティという。

3.43 更新

FSMSの手順書にそって業務を進めている際に，その内容を変更することが求められていて，手順書の作り替えをすることを更新という。

3.44 妥当性確認

OPRPおよびHACCPプランに組み込む管理手段が，指定された食品安全ハザードの意図した管理を達成することができること。

3.45 検証

客観的な証拠を示すことによって，実施していることが正しいことであることを示せることである。

ISO 22000：2018における文書化した情報の要求事項

文書化した情報　(維)：文書化した情報の維持　(保)：文書化した情報の保持

条項番号と(維)(保)有無	(維)(保)有無と要求事項
4.	
4.1	
4.2	
4.3 (維)	適用範囲の文書化
4.4	
5.	
5.1	
5.2	
5.2.1	
5.2.2 (維)	食品安全方針を維持する
5.3	
5.3.1	
5.3.2	
5.3.3	
6.	
6.1	
6.1.1	
6.1.2	
6.1.3	

条項番号と(維)(保)有無	(維)(保)有無と要求事項
6.2	
6.2.1 (保)	FSMSの目標に関する文書化した情報
6.2.2	
6.3	
7.	
7.1	
7.1.1	
7.1.2 (保)	外部の専門家の協力が必要な場合の合意の記録
7.1.3	
7.1.4	
7.1.5 (保)	外部で開発された要素の使用
7.1.6 (保)	外部からの提供のプロセス，製品，サービス
7.2 (保)	力量の証拠
7.3	
7.4	
7.4.1	
7.4.2 (保)	外部コミュニケーションの証拠
7.4.3	
7.5	

条項番号と(維)(保)有無	(維)(保)有無と要求事項
7.5.1 (維)	文書化した情報及び食品安全要求事項
7.5.2 (維)	文書化した情報の管理
7.5.3 (保)	文書化した情報の管理
7.5.3 (維)	文書化した情報が入手可能
7.5.3.2 (維)	文書化した情報の管理
8.	
8.1 (保)	プロセスの運用状況
8.2	
8.2.1	
8.2.2	
8.2.3	
8.2.4 (維)	PRPsモニタリング及び検証
8.3 (保)	トレーサビリティの証拠
8.4	
8.4.1 (維)	緊急事態とインシデントの処理
8.4.2 (保)	緊急事態とインシデントの処理又は試験の結果
8.5	
8.5.1	
8.5.1.1 (維)	ハザード分析

条項番号と(維)(保)有無		(維)(保)有無と要求事項
8.5.1.2	(維)	原料，材料の解析
8.5.1.3	(維)	製品特性解析
8.5.1.4	(維)	意図した用途
8.5.1.5		
8.5.1.5.1	(維)	フローダイアグラム工程図
8.5.1.5.2	(保)	フローダイアグラムの現場確認
8.5.1.5.3	(維)	フローダイアグラム管理
8.5.2		
8.5.2.1		
8.5.2.2		
8.5.2.2.1	(維)	ハザード分析
8.5.2.2.2		
8.5.2.2.3	(維)	許容水準の文書化をする
8.5.2.3	(維)	ハザード評価
8.5.2.4		
8.5.2.4.1		
8.5.2.4.2	(維)	管理手段の選択
8.5.3	(維)	管理手段の妥当性確認
8.5.4		
8.5.4.1	(保)	モニタリングの記録

条項番号と(維)(保)有無		(維)(保)有無と要求事項
8.5.4.2	(維)	許容限界及び処置基準
8.5.4.3	(維)	モニタリングシステム
8.5.4.4		
8.5.4.5	(保)	ハザード管理プラン実施
8.6		
8.7	(保)，(維)	(保)校正・検証の基準，(維)装置工程環境・不適合
8.8		
8.8.1	(保)	検証結果
8.8.2		
8.9		
8.9.1		
8.9.2		
8.9.2.1	(維)	許容限界及び処置基準逸脱
8.9.2.2		
8.9.2.3	(保)	OPRPs 処置基準はずれ
8.9.2.4		
8.9.3	(維)	是正処置；工程を正常に戻す
8.9.4		
8.9.4.1	(保)	安全でない可能性のある製品の取り扱い
8.9.4.2	(保)	製品出荷のための評価

条項番号と(維)(保)有無		(維)(保)有無と要求事項
8.9.4.3	(保)	不適合の処理
8.9.5	(保)	回収及びリコール
9		
9.1		
9.1.1	(保)	モニタリング
9.1.2	(保)	分析の結果
9.2		
9.2.1		
9.2.2	(保)	プログラム及び監査結果
9.3		
9.3.1		
9.3.2		
9.3.3	(保)	マネジメントレビューの結果の証拠
10		
10.1		
10.1.1		
10.1.2	(保)	是正処置の結果
10.2		
10.3	(保)	システム更新の活動

4.　組織の状況

4.1　組織及びその状況の理解

ISO 22000：2018は「Annex SL」を採用することになった。したがって，上位構造のうち，8章を除けば，各章の内容の骨格は「Annex SL」の規格ごとに類似のものとなっている。

この4章の「組織の状況」では，組織における自社の進むべき道筋を考慮し，外部および内部の課題と自社の現状とを検討していくことになるのである。

「**4.1　組織及びその状況の理解**」ではFSMSが中心になってくるものの，組織の能力に影響を与える，外部および内部の課題に関する情報を把握し，レビューし，更新することが課題となっている。

本件はあくまでも組織として考慮するものであり，その組織が関連しないと決めたものに対しては，再検討を求められることはない。

ISO 22000：2018においては，好ましい要因または状況を取り上げて検討する一方，好ましくない要因または状態を取り上げながらレビューし，更新することが課題となっていくのである。また，ISO 22000：2018では，法令，技術，競争，市場，文化，社会および経済の環境，サイバーセキュリティおよび食品偽装，食品防御および意図的汚染，組織の知識およびパフォーマンスを検討していくことが必要になるのである。

本件に関しては文書化の要求はないので，特に文書化する必要はないのであるが，文書化をしておけば検討しやすくなると考えられる。

組織およびその状況を理解するモデルの一例を表4.1-1に示した。表の会社は，菓子製造販売業（当社）を想定している。

全体として，当社の販売は好調である。ここで，リスクについて考察すると，Z社が当社の有力製品であるC製品の競合製品の販売を開始してきて，しかも値下げ販売を始めた。しかし，当社は値下げ競争を避けるため，新製品であるF製品の開発を進めてZ社と対抗をしていくことにしたとの想定例である。

4.2　利害関係者のニーズ及び期待の理解

事業を継続していく際には，利害関係者のニーズと期待を理解することが大切であり，その要求に極力応えていかなくてはならない。したがって，組織にとって利害関係者はいかなるものなのか，何を要求されているのか，どう対応していかなければならないのかなどを考慮しなければならない。

利害関係者に関しては，その組織が関連しないと決めたものに対して再検討を求められることはなく，その決定は組織が決めることである。

表 4.1-1　組織の目的およびその戦略的な方向性に対する内外の課題

（対象分野・個別製品にはサービスが含まれている）

2018 年 8 月 25 日レビュー

事業分野＼製品と課題	個別製品名	法令・規制状況	販売状況	社内の力量	競争状況	経済環境	文化・社会環境	リスク状況	その他
製造販売製品	A 製品	現状では課題なし	増加傾向	適切		値上げ検討	現在の社会環境に合致している		現状ではない
	B 製品	~~~	~~~	~~~	~~~	~~~	~~~	~~~	~~~
	C 製品	~~~	~~~	~~~	Z 社が C 製品の競合製品販売開始	~~~	~~~	Z 社が C 製品との競合激化	~~~
購買販売製品	D 製品	~~~	~~~	~~~	~~~	~~~	~~~	~~~	~~~
	E 製品	~~~	~~~	~~~	~~~	~~~	~~~	~~~	~~~
新製品計画	F 製品	~~~	~~~	~~~	~~~	~~~	~~~	C 製品競争激化。懸念有り。F 製品投入促進要	~~~
新分野進出予定製品	G 製品	~~~	~~~	~~~	~~~	~~~	~~~	~~~	~~~
	H 製品	~~~	~~~	~~~	~~~	~~~	~~~	~~~	~~~
販売終了検討製品	I 製品	~~~	~~~	~~~	~~~	~~~	~~~	~~~	~~~

本表は当社の A 製品を中心に記しており，他製品に関しては ~~~ として省略したことを示している。

組織およびその状況を理解する例として，表 4.2-1「組織の利害関係者のニーズと期待」を示した。

表では，菓子の製造販売において，A 製品に対する利害関係者の要求事項を把握した結果を示している。

- 顧客：競合他社の動きに備えて，既存および新規顧客への営業活動を強化
- オーナー：利益率低下傾向に関して改善の要求有り
- 労働組合：派遣社員の待遇に関して協議の打診有り
- 供給者：現状では当社の期待に応えてくれている。ただ Y 社から円安による原料値上げの打診有り
- パートナー：協力社員派遣中。社会的に要員不足の傾向有り。派遣者の派遣料金値上げの打診有り

自社のライバルであっても，例えば新規法令・規制の改訂が検討されている場合は，共同して改訂の意見を出していくことがあり，利害関係者であると想定できる。

4.3　食品安全マネジメントシステムの適用範囲の決定

本節では，組織における食品安全マネジメントシステムの適用範囲を決定することが求められている。

適用範囲は，規格の要求事項が適用可能であるならば，FSMS の規格の要求事項のすべてを適用しなければならないのである。

FSMS の規格は汎用性があり，食品安全に関連するすべての製品およびサービスに適用される。例えば，直接または間接的に関与する組織が含まれ，これらには飼料生産者，動物用食品生産者，野生植物および動物の採取者，農家，材料の生産者，食品製造者，小売業者および食品サービス，ケータリングサービス，清掃・洗浄および殺菌・消毒サービス，輸送，保管および流通サービスを提供する組織，装置製造業，洗浄剤および殺菌・消毒剤製造業，包装材料製造業者およびその他の食品と接触する材料の供給者が含まれる。しかし，これらは限定されるものではなく，動物の食品飼料を含めて，安全な食品に関連するものはすべてこの規格の対象にしてよいのである。

適用範囲を決定するときは，次の事項を考慮する必要がある。

1)　「**4.1**」に規定する，組織の能力に影響を与える外部および内部の課題として，組織における人的製造技術および力量ならびにその製造設備や工場を所有しているか。
2)　「**4.2**」に規定する，利害関係者のニーズおよび期待要求事項に関連する課題と

表 4.2-1　組織の利害関係者のニーズと期待

（対象分野・個別製品にはサービスが含まれている）

2018 年 8 月 25 日レビュー

製品と課題 / 事業分野	個別製品名	顧客	オーナー	労働組合 従業員	供給者	株主など	パートナー	競合他社	近隣住民	その他
製造販売製品	A 製品	競合他社の動きに備えて，既存及び新規顧客への営業活動を強化	利益率低下傾向に関して改善の要求有り	派遣社員の待遇に関して協議の打診有り	現状では当社の期待に応えてくれている。ただ Y 社から円安による原料値上げの打診有り	現状では特に要求なし	協力社員派遣中。社会的に要員不足の傾向有り。派遣者の派遣料金値上げ打診有り	Z 社が競合製品販売開始。競争激化の懸念有り	現状ではない	特になし
	B 製品	~~~	~~~	~~~	~~~	~~~	~~~	~~~	~~~	~~~
	C 製品	~~~	~~~	~~~	~~~	~~~	~~~	~~~	~~~	~~~
購買販売製品	D 製品	~~~	~~~	~~~	~~~	~~~	~~~	~~~	~~~	~~~
	E 製品	~~~	~~~	~~~	~~~	~~~	~~~	~~~	~~~	~~~
新製品計画	F 製品	~~~	~~~	~~~	~~~	~~~	~~~	~~~	~~~	~~~
新分野進出予定製品	G 製品	~~~	~~~	~~~	~~~	~~~	~~~	~~~	~~~	~~~
	H 製品	~~~	~~~	~~~	~~~	~~~	~~~	~~~	~~~	~~~
販売終了検討製品	I 製品	~~~	~~~	~~~	~~~	~~~	~~~	~~~	~~~	~~~

~~~ は省略したことを示している
~~~

して，利害関係者の要求事項を十分に把握しているのか，およびその製造能力を持っているのか。

国際規格であるISO22000（FSMS）は，人が食品を消費する時点における安全な食品（人が食べる動植物を含む）を作り上げるために，その一連の組織が，食品安全ハザードに対して管理する能力を発揮する必要がある場合の，次の事項を可能にするための要求事項を規定するものである。

1） 製品の意図した用途に従って，消費者に安全な製品を提供することを目的とする食品安全マネジメントシステム（その方針および目標，ならびにその目標を達成するための一連の業務〈プロセス〉を確立するための，相互に関連するまたは相互に作用する組織の一連の要素）を計画し，実施し，運用し，維持し，かつ更新する。
2） 適用される食品安全法令・規制要求事項への適合を実証する。
3） 顧客満足を高めるために，顧客要求事項を評価し，判定し，食品安全に関連する相互に合意した顧客要求事項への適合を実証する。
4） 安全な食品（人が食べる動植物を含む）を作り上げる一連の組織に，その食品安全の問題を効果的に知らせる。
5） 組織が宣言した食品安全方針に適合していることを確実にする。
6） 食品安全方針に適合していることを利害関係者に実証する。
7） 外部組織による認証もしくは登録を求めること，または，この規格への適合の自己評価もしくは自己宣言を行う。

適用範囲は，文書化した情報として利用可能な状態にして，維持しなければならない。

4.4　食品安全マネジメントシステム

本節におけるFSMSの規格のタイトルは「食品安全マネジメントシステム」となっている。本節におけるISO 9001：2015でのタイトルは「品質マネジメントシステム及びそのプロセス」と明示されている。ISO 9001：2015においては，「品質マネジメントシステム及びそのプロセス」であり，業務を進めるうえで大変重要なものであり，プロセスアプローチにつながっていくのである。すなわち，ISO 9001の場合は，その製造工程全体をつかさどっていくものとなっている。ISO 22000の場合，「**4.4**」節のタイトルは「食品安全マネジメントシステム」とされているのみで，プロセスアプローチを考慮しているようには見えない。しかし，共に，「Annex SL」で構築されているものであり，ISO 9001：2015とISO 22000：2018では大きな差異があると受け止められる。

一方，ISO 22000：2018において工程をつかさどるのは，「フローダイアグラム」であり，食品安全を達成するためには，フローダイアグラムの流れに沿って「ハザード（危害要因物質）分析」を実施し，そのハザード（危害要因物質）を管理手段でもって管理していき，安全な製品を作っていくことになるのである。

ISO 22000においては，“運用”の章である8章において，13頁も費やしている。それに対して，「**4.4**」節はそっけなく，“食品安全マネジメントシステム”としか記述されておらず，その説明は2行しかないのである。ISO 9001：2015においては，「品質マネジメントシステム及びそのプロセス」に2頁を費やしており，“運用”の章である8章においては8頁を費やしている。

共に「Annex SL」に従っているのであるが，重点の置き場が異なっていることが見てとれる。

ISO 22000は確かに食品安全を最重点にしているのであるが，「**4.　組織の状況**」を考慮するとき，顧客がいることを忘れてはいけないのである。食品であれば，当然のことながら消費者の嗜好が訴求される。食品安全に加えて，嗜好を忘れてはいけない。ISO 9001の認証を取得しているのならよいが，ISO 22000のみの認証を取得して事業の推進を図るのならば，「**4.4**」節では食品安全マネジメントシステムのみでなく，プロセスも考慮に入れることが重要である。

なお，8章の「**8.1**」におけるc）で“プロセスが計画どおりに実施されたことを示すために必要な程度の，文書化した情報の保存”とされているが，「フローダイアグラム」および「ハザード分析」の図をもって「プロセス」としていると考えられる。

以下に，2016年に刊行した拙著『現場視点で読み解くISO 9001：2015』の「**4.4　品質マネジメントシステム及びそのプロセス**」の項の解説の抜粋を参照として示す。

4.4.1　組織は，この規格の要求事項に従って，必要なプロセス及びそれらの相互作用を含む，品質マネジメントシステムを確立し，実施し，維持し，かつ，継続的に改善しなければならない。

組織は，品質マネジメントシステムに必要なプロセス及びそれらの組織全体にわたる適用を決定しなければならない。また，次の事項を実施しなければならない。

a）　これらのプロセスに必要なインプット，及びこれらのプロセスから期待されるアウトプットを明確にする。

b）　これらのプロセスの順序及び相互作用を明確にする。

c）　これらのプロセスの効果的な運用および管理を確実にするために必要な判断基準及び方法（監視，測定及び関連するパフォーマンス指標を含む。）を決定し，適用する。

d) これらのプロセスに必要な資源を明確にし，及びそれが利用できることを確実にする。（以下，略）

[解　説]

ここでは，品質マネジメントシステムとプロセスの関係を述べている。というよりも，品質マネジメントシステムとプロセスアプローチに関して述べているといった方がよいであろう。「プロセス」の考え方は，94年版に登場した。プロセスとは日本語で書けば「業務手順」のことである。このプロセスアプローチは20年を超えて活用されながら，現段階でも，「プロセスアプローチ」とカタカナで書かれると難しさを感じてしまう。

この規格においても，プロセスアプローチが強調されている。“組織の事業プロセスへの品質マネジメントシステム要求事項の統合を確実にする”ことが組織経営の標準化であるISO9001にとっては当然のことである。“顧客の求める製品及びサービスを提供すること”が組織経営の目的であり，特定の製品あるいは特定のサービスをどのように準備し，どのように管理し，どのように顧客に届けるかが業務の中心であり，これがプロセスアプローチなのである。これは組織経営の運用そのものであり，該当する組織のマネジメントシステムなのである。

実は，顧客に製品やサービスを適切に提供できている組織には，文書化された標準があるかないかは別にして，顧客に製品やサービスを適切に提供する標準ができている。プロセスアプローチは，組織の業務手順そのものである。

プロセスアプローチに関しては，この規格の「序文」及び「附属書A」に記述されているが，どうも堅苦しい説明となっている。“プロセスアプローチとは，顧客の求める特定の製品あるいは特定のサービスをどのように準備し，どのように管理し，どのように顧客に届けるかの手順そのものである”と理解すればごくあたり前に理解できる。日本には“流れ図（フローダイアグラム）”と“QC工程表”というプロセスアプローチの表現型がある。フローダイアグラムでは“プロセスアプローチ”の全体像が見られるが，管理に関しては見られない。QC工程表では，フローダイアグラムも含めて“プロセスアプローチ”の全体像を見ることができる。

以下，「4.4.1」項では，プロセスアプローチを前述のごとく理解し，筆者の解説を進めていきたい。

a) これらのプロセスに必要なインプット，及びこれらのプロセスから期待されるアウトプットを明確にする。

プロセス（一つの業務手順）に必要なインプット（入ってくるもの；例：材料）とアウトプット（出ていくもの；例：調理食品）を明確にする。

b) これらのプロセスの順序及び相互関係を明確にする。

特定の製品及びサービスを提供する全体のプロセス（業務手順）には，数多くの下位の業務手順がある。その業務の順序と互いの業務の関係を明確にする必要がある。このプロセス全体の相互関係を示すものが，フローダイアグラムである。

c) これらのプロセスの効果的な運用及び管理を確実にするために必要な判断基準及び方法（監視，測定及び関連するパフォーマンス指標を含む。）を決定し，適用する。

プロセス全体の相互関係を示すものがフローダイアグラムであると前述したが，このフローダイアグラムに示された個別のプロセスをQC工程表に転記し，管理が必要な個所に必要な判断基準及び監視，測定並びに関連するパフォーマンス（成果）指標を記入して管理するのである。

d) これらのプロセスに必要な資源を明確にし，及びそれが利用できることを確実にする。

これらのプロセス（業務）群を運用するために，人，もの，金，情報など必要な資源を提供して使えるようにすることが求められる。QC工程表には，だれが，何を使って，何をするかが示されている。

e) これらのプロセスに関する責任及び権限を割り当てる。

これらのプロセス（業務手順）群を運用するための責任者及びその権限を明確にすることが求められる。QC工程表には，だれが，何に責任を持つかが示されている。

f) 6.1の要求事項に従って決定したとおりにリスク及び機会に取り組む。

特定の製品及びサービスを安定して提供する一連のプロセス（業務）を構築する際には，当然のことながら，計画どおりの結果が出ない場合がある（リスクがあるという）。組織の能力が十分にあるのか（「4.1」の課題）あるいは利害関係者のニーズ及び期待は正しく理解されているのか（「4.2」の課題）を考え，PDCAを考慮しながら改善をし，運用していくことが求められる。

g) これらのプロセスを評価し，これらのプロセスの意図した結果の達成を確実にするために必要な変更を実施する。

それぞれのプロセス（業務手順）の運用状況を監視及び測定してその結果を評価し，結果を達成することを確実にするために，必要な場合はプロセスを変更することが求められる。

h) これらのプロセス及び品質マネジメントシステムを改善する。

プロセス及び品質マネジメントシステムが目的を達成していなければ，それを改善することが求められる。

5. リーダーシップ

5.1 リーダーシップ及びコミットメント

本節では，マネジメントシステムにおけるトップマネジメント（最高責任者；個人またはグループ。以下，経営者層ともいう）の役割を規定している。ここで規定されている事項は，経営者層が組織で実現されるよう約束し，導いていかねばならないものである。

今から約 20 年以上前に，筆者が ISO 9001 の審査資格を取得したときのことであるが，その頃日本にはまだ審査員資格取得制度がなく，英国で資格を取得した。その時の研修テキストに“経営者が本気で取り組まない業務に真剣に取り組む従業員はいない”と書かれており，英国でもそうなのかと深い印象を受けたのである。今でも，そのことが，経営者のリーダーシップなのであろうと考えている。ただ，経営者層は“考える人”である。今日の手を打つ人ではなく，“将来の打つ手を考える人”である。したがって，極力，権限を部下に委譲して行動を起こさせることが重要なのである。

組織において，リーダーとしての役割は経営者層にあることは当然のことであるが，経営者層から権限の委譲をうけた各リーダーにもその責任がある。組織はその目的達成のために，経営者層に始まり，各リーダーが組織を導き，約束を達成していかねばならない。

そもそも ISO 22000 の目的は，“必要な法令・規制要求事項を満たす製品及びサービスを，安全で，顧客が満足する食品として提供することにある”のである。

また，この「**5.1**」節には，事業についての“注記”がある。事業とは，組織が公的か私的か，営利か非営利かを問わず，組織の存在の中核となる活動は事業と認識してよい，とされている。この“注記”では，このことを“事業”というとされている。すなわち ISO 22000 は，組織の中核的役割を担う“事業”を行うためのものなのである。

組織は“事業”を行うためにあり，“事業”を行わなければ組織は存在しない。ISO 22000 は，“事業”を行うためにあり，事業を導いていくのは，当然のことながら“経営者層を含むリーダー層”の役割である。その役割が，本節「**5.1**」で示されているのである。

経営者層とは，個人またはマネジメント集団である。リーダーは各階層にいる。経営者層もリーダーも，個人で役割を果たすのは当然のことながら，業務の細部にわたって権限委譲が行われる。そこで，それぞれの範囲で経営者層とのコミットメント（約束）があることを認識する必要がある。

ここではリーダーシップ（最高責任者：個人またはグループ）の役割を取り上げており，その重要な役割を説明している。以下の 1）～4）に，その概要を述べる。

1) 経営者層が組織で実現させることを約束した“食品安全マネジメントシステムであるFSMSを運用して，顧客が求める安全な食品を提供していく”ことを実現していかねばならない。
2) 経営者層とは“考える人”であり，今日の業務の手を打つ人ではない。将来の発展を目指して手を打つ人である。そのため，経営者は事業の先々の食品安全方針を明確にしなければならない。“食品安全マネジメントシステムであるFSMSを運用して，顧客が求める安全な食品を提供していく”のは，その1つである。それは，当組織の戦略的方向も示すことになる。さらに，具体的に，一定期間に，何をどうするのか，という目標を明らかにしなければならない。
3) FSMSは事業プロセスを示しており，実務である。FSMSで実行することは，組織の事業と一致していなくてはならないのである。見かけだけのFSMSを制定し，審査のためだけの規格を作成するようなことがあってはいけないのである。
4) FSMSは日々動いている。したがって，今日の舵を取る人が必要である。今日の舵の方向を指示する者は，各部門のリーダーである。そして，実際舵を取る人がいなければならない。このように，責任権限の分担が必要なのである。

その他，「**5.1**」で実行していかなくてはいけないものには次の5）〜7）のものがある。

5) FSMSの運用に必要な資源を提供しなければならない。
ただし，従業員に対して“改善の工夫をしてもらう”努力を指導しなければならない。そこで，従業員に，自らが改善をすることの大切さを認識してもらう必要がある。
6) 経営者層は，管理者層を指導して，従業員に食品安全マネジメントシステムの重要性を伝えると共に，適用される法令・規制要求事項を伝え，さらには顧客要求事項に適合するようにすることが大切である。
7) FSMSの成果を達成するために，決め事を守らせる必要がある。これは「**6.2 食品安全マネジメントシステムの目標及びそれを達成するための計画策定**」につながるのである。

5.2 方　針

5.2.1 食品安全方針の確立

前項でも述べたが，トップマネジメントは次の事項を満たす食品安全方針を確立し，実施し，維持しなければならない。

食品安全方針を構築するには，組織の目的を明確にする必要がある。組織の目的は何かというと，「**4. 組織の状況**」の「**4.1 組織及びその状況の理解**」を検討することである。「**4.1**」においてモデルとして仮定した「当社」（菓子の製造・販売）において，“組織及びその状況の理解”を検討するとき，“リスク”と“機会”が明確になる。

また，会社の目的が「法令規制事項を遵守しながら，顧客が要望する安全な菓子を，FSMSを運用しながら提供する」ことであることが判明する。

以上のことを踏まえると，次のように，食品安全を確立する方針の要素が明確にできるのである。

1) 組織の目的であり，方針でもある“食品安全マネジメントシステムであるFSMSを運用して，顧客が求める安全な食品を提供していく”ことが目指すところである。
2) この方針は，組織の目的および現状の強みに対して適切でなければならない。当社は現段階では，菓子設計開発，製造および販売に強みがあり，この方針は目標の設定やレビューの枠組みにも相応するものでなければならない。
3) この方針は，法令・規制要求事項および顧客要求事項を含む食品安全要求事項を満たすことに関わらなければならない。
4) この方針は，内部および外部の情報を取り込んで，FSMSの継続的改善に対して関わりを持たなければならない。
5) この方針は，FSMSの運用により達成できるものであり，食品安全にかかわる力量を向上させていく必要がある。

5.2.2 食品安全方針の伝達

食品安全方針は，次に示すものを満たさなければならないのである。

1) 組織における食品安全方針は，暗記する必要はないが，その趣旨はしっかり理解する必要がある。そのためにも，従業員が常時見ることができるよう掲示しておかねばならない（文書化された情報として維持する）。
2) 食品安全方針は，組織のすべての階層に理解してもらわなくてはならない。すなわち，その目指すところは，“法令・規制要求事項及び顧客要求事項を含む食品安全要求事項を満たすこと”にあり，それを業務の中で使いこなせるようなものでなければならない。
3) この文書化された方針は，密接な関係のある利害関係者にとっても大変興味のあるものであり，希望があれば，提供しなければならないのである。

5.3 組織の役割，責任及び権限

5.3.1 トップマネジメントは，FSMSに関連する従業員に対して，その役割に応じて，責任および権限を割り当てられるようにして，その内容は組織内の人たちに伝達され，その意義を理解されるようにしなければならない。

当社は菓子，設計開発，製造および販売の事業をしている。事業は一人ではできない。複数の要因から成っている。そのため，役割，責任および権限を明確にしなければ効率的な事業はできない。

当組織では，食品安全チームリーダーを任命している。実は，ISO 9001 では 2008 版までは“管理責任者”という役職を必ず任命しなければならなかった。管理責任者は，マネジメントシステムにおいてトップマネジメントを支援する重要な役割を担うものであった。しかし，ISO 9001：2015 では管理責任者は設定しなくてもよいとされ，要求事項から削除された。ただ管理責任者を設置してはいけないと言っているのではなく，ISO 9001 の中で設置しているところも多い。

なぜ管理責任者を不要にしたかというと，管理責任者がいると，経営者が自らの役割を管理責任者に任せてしまい，重要な経営者の役割から手を抜いてしまうおそれがあるからである。ISO 9001：2015 では，「**5.1.1**」でトップマネジメントとしての役割を据えており，経営者としての役割を求めているのである。

一方，ISO 22000：2018 では，管理責任者に相当する「食品安全チームリーダー」は残されているのである。これは，この規格は技術規格であり，大変難しいのである。そのことを示す証拠として，「**7.1.5**」には FSMS の PRPs，ハザード分析およびハザードプランを開発をしていく際に外部で開発された要素を使用して，その FSMS を確立，維持，更新および継続的改善をする場合に使用してよいとされている。一方，「**8.5.2.2.1**」に“外部の専門家”から情報を受けて FSMS の規格を構築してよいとされており，「食品安全チームリーダー」が，内部のチームのみならず外部の専門家を受け入れて対応しなければならないくらいのものであり易しくないのである。

次に，トップマネジメントが，組織の役割，責任および権限を明確にしなければならないものの概要を示す。

1） 食品安全チームリーダーおよび食品安全チームメンバーを指名する。これらのメンバーは，FSMS の構築および運用に関して管理の中心となる人たちであり指名しなければならないのである。ここには，外部の専門家をメンバーに加えてもよいのである。
2） 組織の役割，責任および権限に関しては，従業員に対して，その役割に応じて責任および権限を割り当て，その内容を組織内の人たちに伝達しなければならない。それにより，その意義を理解できるようにし，FSMS がこの規格の要求事項に適合することを確実にすることが求められるのである。
3） そのことにより，FSMS の成果（パフォーマンス）をトップマネジメントに報告することができるようにするのである。

4) 組織の FSMS を運用する際に，何らかの処置が必要となった時に備えて，文書化の責任および権限を持つ人を指名する必要がある。

5.3.2 食品安全チームリーダーは，次の点に責任を持たなければならない。

1) FSMS を確立し，実施し，維持し，更新しなければならない。
2) 食品安全チームリーダーは食品安全チームメンバーを管理し，その業務を取りまとめなければならない。
3) 食品安全チームリーダーは，食品安全チームメンバーに対して必要な訓練をし，力量を確実に身に付けさせなければならない。

食品安全チームリーダーは，FSMS の有効性および適切性に関して，トップマネジメントに報告しなければならない。

5.3.3 FSMS に関連ある問題の報告

すべての従業員は，FSMS に関する問題が発生した時に，あらかじめ決められた人に報告する責任を持たねばならないのである。そのことによって，問題が発生しても大きな問題に発展することもなく，いち早く解決できるようになるのである。

6. 計　画

6.1 リスク及び機会への取組み

6.1.1 FSMSの計画を策定するとき，組織は，**4.1**に規定する課題および**4.2**並びに**4.3**に規定する要求事項を考慮し，次の事項のために取り組む必要があるリスクおよび機会を決定しなければならない。

本項では，「リスク」と「機会」というテーマが登場した。

リスクとは“不確かさの影響”ということであり，期待していることからの，好ましい方向または好ましくない方向への乖離が起こることである。

一方，不確かさとは，事の成り行きとその結果またはその起こりやすさに関する情報，理解，または知識が期待通りでなく，何らかの不備があることをいう。

ただ，リスクは好ましくない結果に使うことがある。この規格では，リスクは「好ましくない結果」に使い，機会は「好ましい結果」に使われている。

FSMSで組織を運用するとき，その業務が常に計画通りに進むとは限らない。あるときは予想外の，よくない方向に進むこともある。リスクの発生である。一方，予測以上に素晴らしい成果が得られることもあるのである。これが，機会である。すなわち，素晴らしい成果が上がることもあるし，予想外な不良な結果になることもある。

このようなことについて，先に示した4章の「組織の状況」の表4.1-1に当てはめてみると，次のような状況が想定されるのである。

1) A製品の販売が好調で，機会に恵まれており，意図した結果を達成できるという確信がもてる。
2) A製品は経済環境に恵まれており，値上げも受け入れられて，望ましい影響を増加する見込みである。
3) C製品はライバルとの競争状況が一段と激しい状況にあり，望ましくない段階にある。現状では販売量の低減を抑えようとしているが，低減傾向のリスクに見舞われている。
4) C製品はライバルとの競争激化の状況にあり，望ましくない段階にあるため，F製品を開発して市場へ投入する予定である。F製品の市場維持の達成に期待する。

注記 この規格において，リスクおよび機会という概念は，FSMSのパフォーマンスおよび有効性に関する事象，およびその結果に限定してよいとされている。すなわち，健康に悪影響をもたらす可能性のある食品中の生物学的，化学的および物理的要因に限定してよいとされている。これは，8章の要求事項の課題でもある。

公衆衛生上に関連するリスクに関しては，組織が取り組む範囲の責任を持つ必要はない。公衆衛生上のリスクおよび機会に関しては，FSMSにおけるリスクおよび機会として取り扱う必要はないのである。公衆衛生上のリスクおよび機会に関しては，公衆衛生にまかせればよいのである。

6.1.2 組織は，次の事項を計画しなければならない。

上記によって，当社は，リスクおよび機会をどう進めるかを計画するのであるが，次のような状況で運用する予定である。

1) 表4.1-1のA製品は売上げが増加傾向であり，値上げも受け入れられて好調である。そこで，継続して製造および販売を続ける。
2) 同表ではC製品は苦境にあるが，F製品を開発して市場に投入する予定である。

「**6.1.1**」で決定したリスクを改善に向かって対応するとき，あるいは機会に向かって取り組むときは，FSMSプロセスへの統合および実施をし，その取り組みの有効性を評価しなければならない。

6.1.3 組織がリスクおよび機会に取り組むためにとる処置は，次のものと見合ったものでなければならない。

1) 表4.1-1のA製品は安全性の取り組みは維持して継続する。
2) 表4.1-1の開発F製品は顧客への食品およびサービスの適合状態はこれまで以上に好評な製品となっている。
3) フードチェーン内の利害関係者の要求事項，表4.2-1にある「供給者」から原材料の値上げが求められている。本件に関しては，妥当な値上げを受け入れる予定である。

注記1 リスクおよび機会に取り組む処置には，リスクを回避すること，ある機会を追求するためにそのリスクをとること，リスク源を除去すること，起こりやすさ，若しくは結果を変えること，リスクを共有すること，または情報に基づいた意思決定によってリスクの存在を容認することが含まれうること。

注記2 機会は，新たな慣行（製品またはプロセスの修正）の採用，新たな技術の使用，および組織またはその顧客の食品安全ニーズに取り組むための，その他の望ましくかつ実行の可能性につながり得る。

6.2 食品安全マネジメントシステムの目標及びそれを達成するための計画策定

6.2.1 組織は，関連する機能および階層において，FSMSの目標を確立しなければならない。

当社の事業を発展させるためには，まず食品安全マネジメントシステムの目標を確立しなくてはならず，その目標は，当然のことながら，食品安全方針と整合していなくてはならない。

先に「**5.2**」項で明確にした方針をまとめると次のものとなる。

1) 食品安全マネジメントシステムであるFSMSを運用して，顧客が求める安全な製品（「当社」では菓子）を提供していく。
2) 法令・規制要求事項および顧客要求事項を含む食品安全要求事項を満たすこと。
3) 内部および外部の情報を取り込んで，FSMSの継続的改善に対して関わり合いをもたなければならない。
4) FSMSの運用により達成できるものであり，そのため食品安全にかかわる力量を向上させていく。

当社は，上記食品安全方針を踏まえて，食品安全マネジメントシステムの目標は次のような構想に設定する。

(1) 安全な原料による安全な食品（「当社」では例えばビスケット）の提供
(2) おいしい食品の提供
(3) 安定供給をする
(4) お客様に安心感を与える
(5) お客様に信頼感を与える
(6) 適切な利潤を確保する
(7) FSMSに基づいた確実な運営と必要な更新をする
(8) 適切な教育，訓練または経験を備えた人々による運用

また，上記の目標は次の事項を満たしているといえる。

1) 目標は，食品安全方針と整合している。
2) 目標は，必要な場合は，測定できる。
3) 目標は，法令・規制および顧客要求事項を含む，適用される食品安全要求事項が考慮されている。

4）　必要な場合は，モニタリングし，検証される。
5）　目標を伝達する。
6）　目標は，必要に応じて維持し，および更新できる。

組織は，FSMS の目標に関する，文書化した情報を保持しなければならない。

6.2.2　組織は，FSMS の目標をどのように達成するかについて計画するとき，次の事項を決定しなければならない。

1）　FSMS の目標には，安全な食品の提供，おいしい食品の提供などがある。
2）　教育訓練を受けた要員による生産と，安定した設備による安全な食品の提供。
3）　適切な教育，訓練または経験を備えた人々および責任者による運用。
4）　実施事項は計画生産のたびに停止して完了し，次の製品生産を開始する。
5）　結果の評価方法は，計画生産後に検証する。

6.3　変更の計画

当初の目標達成手段が思うように進まず，投入資源に対して結果が思わしくなかったら，目標の変更が必要になる。ただ，その段階で，なぜそのような状態になったのかを検討して計画的に進めなければならない。

目標の変更に際して，組織は次の事項を考慮することが求められている。

1）　変更の目的およびそれによって起こり得る結果
　　なぜ変更するのか，その結果はどのようになるのかを想定しなければならない。
2）　食品安全マネジメントシステムが完全に整っている
　　目標を変更するときでも，食品安全マネジメントシステムは，全体として適切に運用されなければならない。目標を変更するときでも変更される部分はその一部であり，それによって食品安全マネジメントシステムが不具合になってはいけないのである。十分検討して，変更する部分を除いては“完全に整っている状態”で行われるように計画をしなければならない。食品安全マネジメントシステムが不具合になるのは，変更が行われる時が最も危険なのである。
3）　変更を効果的に実施するための資源の利用可能性
　　食品安全目標の変更をする際に，どのような資源が必要か，その資源は調達できるかを検討する必要がある。

4)　責任および権限の割り当てまたは再割り当て

食品安全目標の推進責任者が，現状のままでよいのか，あるいは変更する必要があるのかを検討しなければならない。

7. 支　　援

7.1 資　　源

7.1.1 一　　般

ここでは「**4.1**」節および「**4.2**」節の組織の状況を踏まえ，6章において計画した品質マネジメントシステムを具体化していくための，必要な資源を明確にしなければならない。かつ，その資源は内部の資源のみではなく，外部からの資源をも考慮することが必要となる。そのため，次の事項を考慮することが求められている。

1) 既存の内部資源の実現能力およびあらゆる制約
   現在，組織内部で所有している資源を検討して，その資源のみで食品安全マネジメントシステムを具体化していけるのか，あるいは不十分なのかを検討しなければならないのである。
2) 外部資源の必要性
   組織外の提供者から提供を受けていかなければならない資源を検討しなければならないと言っているのである。製品を製造する原材料などは，外部提供者から提供を受けなければならない場合が多く，一部，技術も外部提供者から受けねばならないものもある。アウトソースは製造技術の提供を受ける例である。最終製品の適合性に影響を与えるあらゆるプロセスが含まれるのであり，組織は，アウトソースしたプロセスに関しては，管理を確実にしなければならない。

7.1.2 人　　々

1) 必要な力量のある人々の支援がなければFSMSの業務は進まない。そのためには，必要な人々に教育訓練を施して，必要な力量を身につけさせなければならない。
2) 一方，必要な支援を外部の専門家からしてもらうということも考えられる。その際は，その力量，責任および権限を定めた合意の記録または契約を文書化した情報として利用可能な状態で保持しなければならない。

7.1.3 インフラストラクチャ

組織は，プロセスの運用に必要なインフラストラクチャ，ならびに製品およびサービスの適合を達成するために必要なインフラストラクチャを明確にし，提供し，維持しなければならないとされている。

注記　インフラストラクチャには，次のものが含まれ得る；

－　土地，輸送用設備，建物および関連ユーティリティ；
－　設備，これにはハードウェアおよびソフトウェアを含む；
－　輸送；
－　情報通信技術；

この項は，必要なインフラストラクチャの提供を求めた要求事項である。インフラストラクチャの一般名詞としての意味は，“道路・鉄道・港湾・ダム”など産業基盤となる社会資本のことであり，さらには“学校・病院・公園・社会福祉施設”など，生活関連の社会資本も含めるもので，恒久的な基盤施設をいう。このことから，ここでは，組織として事業を行っていくための“恒久的な基幹施設”を連想する。例えば，菓子を生産，販売する組織であれば，“恒久的な基幹施設”としては建屋，エネルギー供給施設（電気，水道，ガス，高圧空気など）を連想し，菓子製造に活用する焼成機や包装機などはインフラストラクチャに含めないように考えがちである。

しかしながら，「**7.1.3**」項の事例を見ると建屋やユーティリティに加えて，ハードウェアおよびソフトウェアをも含み，輸送のための資源，情報通信技術を例示していることから考えると，ここでインフラストラクチャは，該当組織で共通に必要な施設，設備あるいは情報なども含まれると考えるのが妥当である。

7.1.4　作業環境

組織は，プロセスの運用に必要な環境，ならびに製品およびサービスの適合を達成するために必要な環境を明確にし，提供し，維持しなければならない。

注記　適切な環境は，次のような人的および物理的要因の組合せであり得る；
(1) 社会的要因（例えば，非差別的，平穏，非対立的）
(2) 心理的要因（例えば，ストレス軽減，燃え尽き症候群防止，心のケア）
(3) 物理的要因（例えば，気温，熱，湿度，光，気流，衛生状態，騒音）

これらの要因は，提供する製品およびサービスによって，大いに異なり得る。

この項では，プロセスの運用ならびに製品およびサービスの適合を達成するために必要な作業環境提供の要求事項が明示されている。その要求内容には社会的要因，心理的要因あるいは物理的要因があり，注記のおわりの文章にも記述されているように，提供する製品やサービスによって大きく異なるものである。したがって，それぞれの組織が事業の内容に合わせて，その環境を整えていかねばならない。

このなかで，物理的要因は容易に理解できるものであり対応しやすいが，社会的要因や心理的要因は客観的な判定が難しいものである。例えば，要員の定着率が低い場合などは，審査で，その原因が社会的要因や心理的要因に起因するのではないかとの質問がなされたとき，客観的証拠を挙げて答えるためには，専門家による支援を求める必要があるかと考えられる。

7.1.5　外部で開発された食品安全マネジメントシステムの要素

組織が，FSMS の PRPs，ハザード分析およびハザード管理プランを含む，外部で開発された要素を使用して，FSMS を模倣してもよいとされている。

実は，そのことは ISO 22000：2005 でもそれは認められており，コーデックス HACCP でも認めているのである。

ただ，その場合は，目的は食品安全を確保することであり，基本的には当組織に当てはまることを食品安全チームが確認しないといけないのである。

食品安全チームが確認した結果は，証拠として，文書化した情報として保持しなければならない。

7.1.6　外部から提供されるプロセス，製品又はサービスの管理

外部から，フローダイアグラムやハザード分析などの食品安全プロセス，あるいは製品およびサービスを提供される場合がある。その場合，社内で十分確認しなければならない。

その結果，そのフローダイアグラムやハザード分析などの食品安全プロセス，あるいは製品およびサービスが適正であればその結果を伝え，そうでなかったらそのことを報告して，再検討を求めなければならない。

上記の結果に関しては，文書化した情報として保持しなければならない。

7.2　力　　量

力量とは，“意図した結果を達成するために，知識および技能を適用する能力”のことである。知識と技能を持っているだけでは力量とはいわず，それらを意図した結果達成のために適用できなければならないのである。

1)　食品安全マネジメントシステムの成果，および有効性に影響を及ぼす要員に対して，必要な力量を明確にすることを求めている（次頁表参照）。
2)　それらの業務に影響を及ぼす要員に，教育，訓練あるいはその業務の経験をさせて，必要な力量を身に付けさせる。
3)　食品安全チームが，FSMS を構築し実施するうえで，多くの分野にわたって知識や経験を併せ持つことが求められる。
4)　該当する業務に密接にかかわる要員には，必要な力量を身に付けられる処置をと

り，その処置の有効性を評価する。

5) 必要な力量を有する証拠を，文書化した情報で保持することが求められている。

次の表は，力量を有する証拠文書例である（技能棚卸表）。

作業名／要員名	原材配合作業	成形作業	焼成管理作業	選別作業	包装機器管理作業	選別機器管理作業	選別梱包作業	設備管理作業
青森　伊知朗	○	◎	◎	△	－	－	－	－
秋田　治良	－	－	－	－	◎	○	○	◎
磐手　三郎	◎	◎	△	△	－	－	－	－
山縣　史郎	－	－	－	－	○	◎	◎	○
福嶋　呉朗	△		◎	◎	－	－	－	－
宮木　碌朗	－	－	－	－	△	◎	○	○

◎：指導できる，○：一人でできる，△：指導の下にできる，－：当面担当しない
2018/08/1 現在；評価者：福岡重郎

注記　適用される処置には，例えば，現在雇用をしている人に対する教育訓練の提供，指導の実施，配置転換の実施などがあり，また力量を備えた人の雇用，そうした人々との契約締結などがある。

7.3　認　　識

本節では，安全な食品製造業務に携わっている従業員に，業務の重要性を理解してもらうことによって，自らがいかにその組織に役立っているかを理解させることが必要である。

その結果として，組織と一体感を持って FSMS の活動ができるようになり，組織の発展に積極的に貢献できるようになる。すなわち，次のことを理解させることが大切なのである。

1) 食品安全方針は組織の責任者の目指すところであり，暗記などする必要はないが，考え方を理解して，業務に携わることが求められている。
2) 職務に関連する FSMS の目標は，暗記などする必要はないが，目標を理解することにより，自分はどのようなことに取り組んだらよいかが理解でき，良い製品が作れるようになるのである。
3) 食品安全パフォーマンス（成果）が向上することによって得られる利益を含む FSMS の有効性に対して，自らの貢献による成果が見えてくるようになり，より

業務向上の認識が高まるのである。

4) FSMSの要求事項に適合しないようなことがあると，お客様にも製品を買っていただけなくなり，業績が落ち込み，自らの報酬も落ち込んでいく，ということを認識させる。

7.4 コミュニケーション

7.4.1 一 般

FSMSによる食品安全製品およびサービスは，自組織のみで達成できるものではなく，関連するフードチェーン全体の協力によりはじめて達成できるのである。

コミュニケーションの語源は，ラテン語で「分かち合う」を意味するcommunicareであるとされている。事業を進めていくには利害関係者があり，顧客があり従業員がいてはじめて成り立つ。すなわち，人と人との関係があって成り立つものである。そこでは互いに，情報をわかちあってはじめて組織が成り立つのである。

組織は，次の事項に関して，食品安全マネジメントシステムにおける内部および外部とのコミュニケーションの内容を決定しなければならない。

ここでは，FSMSの運用に関するコミュニケーションの重用性を述べる。

FSMSは，人にとって安全な食品を作り，安全な食品を顧客に届けるものである。

例えば，牛肉そのものにはO-157は含まれていないのであるが，と畜場において牛の内臓を除去するとき，あるいは牛の皮を肉から取り除くとき，肉がO-157で汚染されることがある。O-157による牛肉の汚染割合は数パーセントであるといわれているが，その数パーセントの汚染が他の食品を汚染して，その汚染食品を食べた人が食中毒にかかることがある。

O-157は，75℃，1分間の加熱で死滅し，O-157の食中毒は発生しないのであるが，O-157が，何らかの拍子で他の食品を汚染し，その食品を生のまま，あるいは加熱不十分のまま食べると食中毒が発生する。

このO-157食中毒の怖さや，生の食品の汚染危険情報を確実に伝えていければ，O-157の食中毒は防げるのである。

これが，重要なコミュニケーションである。

コミュニケーションの伝達は，次の項目に従って行うとよい。

a) コミュニケーションの内容	供給および請負契約，製品の情報・照会・修正などの契約または注文，苦情，法令規制問い合わせ，マネジメントシステムの有効性・更新情報
b) コミュニケーションの実施時期	必要時期
c) コミュニケーションの相手	供給者および請負契約者，顧客及び消費者，法令規制当局など
d) コミュニケーションの方法	面談による情報交換，文書化した情報の交換
e) コミュニケーションを行う人	指名された担当窓口担当，総括責任者

組織は，食品安全に影響を与える活動を行うすべての人が，効果的なコミュニケーションの要求事項を確実にしなければならない。

7.4.2　外部コミュニケーション

食品安全に関する問題に対する十分な情報が，フードチェーン全体を通じて利用できるように，組織は，次の関係者とのコミュニケーションのための有効な取り決めを構築し，実施し，維持しなければならない。

1) 外部供給者および請負契約者
2) 顧客あるいは消費者。特に製品の情報（意図した用途，特定の保管に関する要求事項および，必要な場合は保管期間に関する使用説明書を含む），照会，修正を含む契約または注文の取り扱い，ならびに苦情を含む顧客のフィードバックに関すること
3) 法令・規制行政当局
4) 食品安全マネジメントシステムの有効性また更新に影響する組織，または更新によって影響される他の組織

このようなコミュニケーションには，該当組織の製品が持つ，フードチェーン内の他の組織に関連ある食品安全面の情報を準備しなければならない。このことは，特に，フードチェーン内の，他の組織によって管理される必要のある，既知の食品安全ハザードに当てはまる。記録を維持しなければならない。

また，法令・規制行政当局および顧客からの食品安全関連要求事項を活用できるようにすること。指名された者が，食品安全に関するいかなる情報をも，対外的に伝達する規定された責任と権限を持つようにしなければならない。外部とのコミュニケーションを通じて得られた情報は，システム更新およびマネジメントレビューへのインプットとして含めなければならない（**9.3** 参照）。

7.4.3 内部コミュニケーション

本項は，組織における変更を，必要な内部部門にもれなく伝達するためのシステムを確実にするよう求めているのである。組織における変更の伝達が不十分であると内部の業務が混乱し，顧客にも迷惑をかけることになり，信頼を喪失することになるからである。

1) 製品の変更または新製品の導入において情報が不十分だと，ミスが発生する危険性がある。
2) 原料，材料およびサービスが変更になる場合は，きちんと理解していないと誤った製品を製造したりする危険性がある。
3) 生産システムおよび装置変更が行われる際には，事前訓練が必要である場合が多いが，準備を怠ると誤った生産をする危険性がある。
4) 生産施設，装置の配置，周囲環境の変更がある場合は，十分な訓練が必要である。
5) 清掃・洗浄および殺菌・消毒プログラムが変更される場合には準備が必要である。
6) 包装，保管および流通システムは事前の準備が必要である。
7) 力量およびまたは責任・権限の割り当てがある場合は人選の必要があり，事前の通知が不可欠である。
8) 適用された法令・規制要求事項は実施日付がいつからか，が重要であり，表示の作成なども理解して準備が必要である。怠ると法令違反製品を作ってしまう危険性がある。
9) 食品安全ハザードおよび管理手段に関連する変更があると，誤った製品を製造することがあるので，事前に教育が必要である。
10) 顧客，業界およびその他の要求事項の変更をするときがある場合，製品配送日，販売日の関係から，始動の計画が重要である。
11) 外部利害関係者からの関連する引き合いおよびコミュニケーションを誤ると，顧客に迷惑をかけてしまうことがある。
12) 最終製品に関連した食品安全ハザードの変更などにミスがあると，内部で迅速に連絡をしないと大きな苦情および警告になる危険がある。
13) 食品安全に影響するその他のミスが発見されたときは，迅速に社内コミュニケーションをとって，対応しないと大きな問題に発展する。

食品安全チームは，FSMS（**4.4** および **10.3** 参照）を更新する場合，この情報伝達を確実にしなければならない。

また，トップマネジメントは，関連情報をマネジメントレビューへのインプットとして含めることを確実にしなければならない（**9.3** 参照）。

7.5 文書化した情報

7.5.1 一　般

この節には“文書化した情報”という用語がある。2005年版までは“文書管理”と“記録の管理”に分かれていたが，この2018年版からは“文書管理”および“記録の管理”という要求事項はなくなり，“文書化した情報”の項目しかなくなった。これは，「Annex SL」に基づく他のマネジメントシステム規格との構成と用語に統一したためであり，共に“文書化された情報”との要求事項として登場した。

“文書化された情報”は，語尾が“維持する”と“保持する”とがある。語尾が“維持する”とあれば“文書”のことであり，“保持する”となっていれば“記録”を指す。ただし，“維持する”と“保持する”はあいまいなことがある。

また，“監視し，レビューする”と要求されているために，記録を残しておくと，記憶を遡るより監視とレビューがしやすいと考えられるし，審査員の質問にも答えやすいのであろう。

筆者は，文書の様式には，“監視結果を記入して記録とする方式”を推奨したい。

この「**7.5.1**」項では，“FSMSの有効性を判断するために組織が決定した文書化した情報”や“法令規制当局や顧客が要求するものは文書化した情報”などは文書化した情報であることが必要とされている。

注記によれば，FSMSのための文書化した情報の必要度は，次のような組織の状況によって異なると述べている。

- 組織の規模，ならびに活動，プロセス，製品およびサービスの種類
- プロセスおよびその相互作用の複雑さ
- 人々の力量

7.5.2 作成及び更新

ここでは，文書化した情報の作成および更新に関する際の様式について述べている。

例えば，タイトル，日付，作成者，参照番号を明確にして管理すること。言語，ソフトウエアの版，図表および媒体（紙，電子媒体など）を考慮すること。文書の適切性や妥当性に関する適切なレビューおよび承認を考慮することなどについて適切に管理する必要があるとしている。

7.5.3 文書化した情報の管理

7.5.3.1 FSMS及びこの規格で要求されている文書化した情報は，次の事項を確実にするために，管理しなければならない。

本項の記述は，文書化した情報の管理のうち文書化した情報が使いやすいか，その情報が十分に保護されているかを求めているのである。

1) 文書化した情報が，必要な時に，必要なところで入手可能で，かつ利用に適した状態にあることが求められている。
2) 文書化された情報が十分保護されているか。機密性が適切に管理されているか，不適切な管理がなされていないか，情報が失われないように保護されているか。

7.5.3.2 文書化した情報の管理に当たって，組織は，該当する場合には，必ず，次の行動に取り組まなければならない。

1) ここでは文書化した情報をどう配布をし，利用をし，必要な事項を探し出し，文書化した情報を利用する方法などをどう管理したらよいか。どう決めてあるか。(文書に関する利用，必要な事項の探索などのことを“アクセス”という。詳細は下記「注記」を参照すること。)
2) どのように管理したら読みやすい状態を保てるか，どのように保管したら利用しやすいか，どのように維持したら読みやすいか。どう決めてあるか。
3) 例えば，文書の版が変更になった時，どのように管理すればよいか。どう決めてあるか。
4) 文書を持ち続けるにはどうするのか，どの段階で廃棄するのか。

上述に関して手順は文書化した情報がどのように管理されているか。

食品安全マネジメントシステム計画および運用のために，組織が必要と決めた外部からの文書化された情報は，どう識別し，管理していくか。

適合の証拠として持ち続ける文書化した情報は，意図しない改変がなされないようにどのように保護しているか。

注記 アクセスとは，文書化した情報の閲覧だけの許可に関する決定，または文書化した情報の閲覧および変更の許可および権限に関する決定を意味する。

8. 運　　用

この章は，すでに，序文において述べたが，ISO における主要な規格である。ISO 9001，ISO 14001 あるいは ISO 27001 などは，「8 章」を含めて，“序文，1.　適用範囲，2.　引用規格，3.　用語及び定義，4.　組織の状況，5.　リーダーシップ，6.　計画，7.　支援，9.　パフォーマンスの評価，10.　改善”を上位規格と呼ばれており，この上位規格の記述内容は，「8 章」以外は，ほぼ同一な構造で記述されている。その中で「8 章」は，それぞれの規格固有の要求事項が規定されている。

この“運用”は，各規格の特徴を示している重要な規定が記述されているのである。“ISO 22000 の運用”では「食品安全マネジメントシステム（FSMS）」の規格要求事項が示されている章であり，「FSMS」の要求事項を示しているのである。

したがって，ここでの食品安全マネジメントシステムの大きな流れとして次のような規定をもって展開されていくことになり，FSMS の中心になっていくものである。

「8.2　前提条件プログラム（PRPs）」
「8.3　トレーサビリティシステム」
「8.4　緊急事態への準備及び対応」
「8.5　ハザードの管理」
「8.5.1.5　フローダイアグラム及び工程の記述」
「8.5.2　ハザード分析」
「8.5.2.3　ハザード評価」
「8.5.3　管理手段及び管理手段の組合わせの妥当性確認」
「8.5.4　ハザード管理プラン（HACCP/OPRP プラン）」
「8.6　PRPs 及びハザード管理プランを規定する情報の更新」
「8.7　モニタリング及び測定の管理」
「8.8　PRPs 及びハザード管理プランに関する検証」
「8.9　製品及び工程の不適合の管理」
「8.9.3　是正処置」
「8.9.4　安全でない可能性がある製品の取り扱い」
「8.9.5　回収 / リコール」

ただ，「ISO 22000：2018」は「アネックスエスエル（Annex SL）」に従って構成されているのであり，「運用」を展開していく際には，他の規格項目全体への目配せは避けられない。そのためには，組織は次に示す事項を実施することによって，安全な食品を実現するために，「**4.1**」に規定されている課題，「**4.2**」の“利害関係者のニーズ及び期待の理解”，「**4.3**」の“食品安全マネジメントの適用範囲の決定”ならびに「**4.4**」の“食品安全マネジメントシステム”およびそのプロセスに規定する要求事項を考慮して，さらに「**6.1**」の“リスク及び機会への取組み”を実施するために，必要なプロセスを計画し，実施し，管理し，維持し，更新することを考慮しなくてはならない。

8.1 運用の計画及び管理

この節は，安全な食品の運用の計画および管理を中心に取り上げているのである。
(人の食品および家畜に対する飼料)

8章は，先にも触れたとおりISO 9001，ISO 14001と同様にISO 22000を中心とする規格を導入するとはいうものの，「Annex SL」の考え方を取り入れて広く序文，1. 適用範囲，2. 引用規格，3. 用語及び定義，4. 組織の状況，5. リーダーシップ，6. 計画，7. 支援，9. パフォーマンスの評価，10. 改善に目配せをしなければならない。
そのため，ISO 22000：2018はISO 22000：2005と比べると，規格の要求事項の幅が広まったのである。

また，この章では，FSMSをもってプロセスを計画し，実施し，管理し，維持し，更新するものである。
プロセスを計画し，実施し，管理し，維持し，更新するとき，計画すると何事も計画通り進むとは限らない。結果が，予想外に低い結果になることもあるし，予想以上に成果が上がることもある。したがって，計画を立てるときにどの程度の成果が達成できるのかを予測しなければならない。それにより，目標を立て，計画を立てねばならないのである。その際，FSMSの目標の計画に関して記録を明確にしなければならない。
その計画には，どのように実施するのか，資源をどうするのか，責任者をどうするのか，いつまでの目標か，結果をどう評価するのかが含まれていなければならない。

6章で「プロセスの計画」に関して述べたが，実は，プロセスの計画の前に，4章の組織の状況における「組織及びその状況の理解」，「利害関係者のニーズ及び期待の理解」，「食品安全マネジメントシステムの適用範囲の決定」および「食品安全マネジメントシステム」を十分に検討しなければならない。

組織は，計画を変更しなければならない場合がある。その場合，次のような課題に対応しなければならない。これらは，6章において明確にしているものである。

1) その際の目的はどのようなものか，結果をどのように考えるか。
2) FSMSは継続して整えられるか。

3）資源はどうするか。

4）責任権限をどう割り当てるか。

8.2 前提条件プログラム（PRPs）

8.2.1 前提条件プログラムの用語について

規格の「8.2.1」は，食品ハザードを含む汚染の予防とPRPsの確立・実施・維持を求めた文書となっている。それはその通りで解説するまでもないので，ここでは，「前提条件プログラム」の用語について少し解説を加える。

わが国には「衛生規範」がある。食品衛生法に基づく安全で衛生的な食品を提供するためのものであるが，現在の言葉でいえば「前提条件プログラム」の一つである。「前提条件プログラム」とはわかり難い言葉である。prerequisite programmeの訳語であり，訳としては原語に忠実であるといえるが，直感的にはわりやすい訳語とはいえない。

そもそも，この原語はカナダが作り出した言葉である。1995年に自国のHACCPであるFSEP（Food Safety Enhancement Programs）を制定した際に，その前提として必要なものがあるとして導入した言葉である。HACCPを有効に活用するには，衛生管理を中心とした，その前提として支えるものがなければいけないとの考え方からである。それらをprerequisite programと呼んで導入した。大変適切な考え方であり，その思想は，瞬く間に，HACCPの世界に広まった（カナダはPPと称したが，FSMSではPRPと称した）。

日本においては，そのHACCPである総合衛生管理製造過程の導入の際に厚生省（現厚生労働省）がこのprerequisite programを「一般衛生管理プログラム」と称していた。しかしながら，ISO 22000を導入した時に，日本規格協会の訳本では直訳的な「前提条件プログラム」を使用したのである。

8.2.2 PRP(s)とは

このprerequisite programの“program”は米国系英語であり，英国系英語では“programme”である。本来はカナダが導入した言葉であるから“program”なのであり，国連のWHO/FAOの下部団体で，食品に関連する規格基準を制定する機関であるCodex（Codex Alimenntarius Commission（CAC；FAO/WHO合同食品規格委員会）では“program”を使用しているが，ISO 22000が使用しているのは“programme”である。

食品業界における衛生管理の規範という考え方は，1969年の米国における「Current Good Manufacturing Practice in Manufacturing, Processing, Packing or Holding Human Food, Code of Federal Regulation Part 110」公布に始まる。食品のGMPである。cGMPと“c”がつくことが多いが，“c”はCurrentの略であり，最新版という意味である。同国では良質な医薬品を確保する規範としてのGMPが法制化されており，これを食品に応用したものである。カナダのprerequisite programはこの食品GMPの考え方を受けたものである。

日本では食品の衛生管理を推進するため，昭和47年（1972年）に「管理運営基準準則（現；食品事業者が実施すべき管理運営基準に関する指針（ガイドライン））」を導入し，各都道府県等に具体的な条例を導入させ，次いで，「衛生規範」というより具体的なものを導入したのである。主題の「衛生規範」である。最初の規範は昭和54年6月29日（1979年）に通知された「弁当及びそうざいの衛生規範」である。その後，平成3年4月25日制定の「生めん類の衛生規範」まで，「漬物の衛生規範」(昭和56年9月24日)，「洋生菓子の衛生規範」(昭和58年3月31日)，「セントラルキッチン／カミサリー・シス衛生規範」(昭和62年1月20日）の5規範が導入された。

なお，本衛生規範は食品衛生関連法改定に連動して，関連箇所の改定が通知されており，平成23年には3月28日付けの通知で「即席めん類の成分規格に規定する酸価及び過酸化物価の測定法」が改定されたが，それに伴い「弁当及びそうざいの衛生規範」及び「洋生菓子の衛生規範」での酸価及び過酸化物価の測定方法が変更された。

8.2.3　PRP(s)を確立する組織の考慮すべき法令・規則

前提条件プログラムは，ISO/TS 22002シリーズおよび衛生規範類が役立つのである。

1）ISO 22000のPRP(s)に関しては，ISO/TS 22002が発行されているので，より詳細な要求事項を参照できる。このISO/TS 22002には，現時点では，ISO/TS 22002-5を除き，ISO/TS 22002-1からISO/TS 22002-6が発行されている。概要は以下に示す。

（1）ISO/TS 22002-1：2009-12-15：「食品製造」
（2）ISO/TS 22002-2：2013-01-15：「ケータリング」
（3）ISO/TS 22002-3：2011-12-15：「農業」
（4）ISO/TS 22002-4：2013-12-15：「食品容器包装の製造」
（5）ISO/TS 22002-6：2016-04-15：「飼料及び動物用食品の製造」

2）上記の他に，該当する規格および日本で発行されている次の衛生規範類を参考にするとよい。
（1）食品事業者が実施すべき管理運営基準に関する指針
（2）大量調理施設衛生管理マニュアル
（3）弁当及びそうざいの衛生管理規範
（4）漬物の衛生規範

(5) 洋菓子の衛生規範
(6) セントラルキッチン／カミサリー・システムの衛生規範
(7) 生めん類の衛生規範

また特に2009年に，「ISO（国際標準化機構）」ではISO/TS 22002-1；「食品安全のための前提条件プログラム－第一部；食品製造」を発行した。ISO 22000「7.2」の「前提条件プログラム」をより具体的内容に規定したものである。そもそもISOがこのISO/TS 22002-1を発行した狙いは世界の食品小売業界の団体にISO 22000を採用してもらうためである。この団体は，ISO 22000はその前提条件プログラムが具体的でないという理由でISO 22000を適切な食品安全の規格としては認めていなかったのである。そこで，ISOでは，英国でISO 22000と併用して活用していたPAS 220を参考にしてISO/TS 22002-1を制定した。これをもとにして，オランダの会社がISO 22000とISO/TS 22002-1とを合体させたFSSC 22000という規格を制定し，そのFSSC 22000が世界の食品小売業界の団体に採用され，ISO 22000も間接的にこの団体に採用されたという経緯がある。もっとも，このISO/TS 22002-1はFSSC 22000として活用するのみでなく，ISO 22000のシステム導入の際にも大変役立つものである。

8.2.4　PRP(s)を確立する組織の考慮すべき事項

実は，このISO/TS 22002-1はISO 22000「7.2」の「前提条件プログラム」を具体的内容として規定したものであるとはいうものの，要求項目が具体化されているのみであり，いざ，企業が採用しようとなると，具体的な基準値がないことに戸惑うことになるのである。その際に大変役立つのが，実は，日本の各種「衛生規範」なのである。この規範は，特に，施設，設備に関する基準が大変具体的である。以下，その規範の要点を述べてみる。

この衛生規範発行の狙いは「弁当及びそうざいの衛生規範」の通知によれば下記のようにまとめられている。

1) 製造および販売の全過程における営業者によるこれら食品の衛生的な取扱い等の指針として作成したものであり，食品衛生監視員にとってはその監視の指導指針となるものである。
2) 衛生上の危害の発生を防止するために必要な事項および望ましい事項について，施設・設備の構造及び管理，食品の取扱い等における微生物の制御を中心に集大成したものである。
3) 規範の実施は営業者による自主的な努力に負うところ大であり，施設・設備の大幅な改造または新設などは過度の負担とならないよう十分留意して，漸次その改善が図られるよう指導するものである。

これら規範を「大量調理施設衛生管理マニュアル」と比較すると，その食品の調理における製造工程管理の具体性は劣るが，施設・設備およびその管理に関する規定はこの規範がより具体的で，はるかに優れた内容を備えているといえる。例えば，製造室の内壁と床面との境界に丸みを持たせると良いといわれているが，この規範では，その丸みを半径5 cmが良いと具体的に示している。

この衛生規範の，特に優れていると考えられ特徴的な記述内容の概要を以下に示す。

1) 施設・設備の構造

施設の衛生度合いのゾーニング（区分別け）が作業区域と対比させて図示されていること。

(1) 製造室内壁の要求事項が材質，平面構造，上部の埃の堆積を防ぐ構造など，具体的に示されていること。

(2) 製造室の内壁と床面との境界にすき間がなく，清掃が容易にできるために丸みを持つと良いとされていること。これはこの規範によれば，先に述べたように丸みの半径が具体的に示されている

(3) 排水溝は大変大切なものであるが，排水溝に関して下記の内容が具体的に示されていること。

＊ 排水溝に向かう床面の勾配
＊ 排水溝の幅
＊ 排水溝の上部を覆う鉄格子の目開きのサイズ
＊ 排水溝の勾配
＊ 排水溝の底面と側面の丸みの半径
＊ ねずみや昆虫侵入防止，ゴミの流出防止のための金網籠の配置および構造
＊ 排水溝における外部への開口部の格子幅やトラップ構造

(4) 手洗い設備の構造，1蛇口あたりの幅など

(5) 製造室の天井の材質および構造

(6) 換気のためのダクトの構造および必要能力

(7) 昆虫侵入防止の網目のサイズ

2) 施設設備の管理

下記のものに分けて，望ましい清掃頻度が明示されている。その有効性を見るための指標の一つとして，落下菌の指標が明示されている。

(1) 施設・設備周辺の管理

(2) 施設の管理

(3) 設備の管理

これらは当然のことながら，対象となる製品やその製造量あるいはそのプロセスと密接

に関連を持つものであるが，考え方の基礎となる数値として大変役立つものである。

上記の内容は主として「弁当及びそうざいの衛生規範」をもとに見てきたが，他に，「漬物の衛生規範」，「洋生菓子の衛生規範」，「セントラルキッチン／カミサリー・システムの衛生規範」及び「生めん類の衛生規範」があるわけで，該当する製品にとっては直接参考になる。また類似する製品はその内容を参考にすればよいわけで，施設・設備の導入や改造ならびに管理の際には参考にするとよいものであり，ぜひとも紐解いて欲しい資料である。

8.3　トレーサビリティ

このシステムで取り扱うトレーサビリティシステムはFSMSで取り扱う安全な食品や家畜飼料の取り扱いに関連する。

トレーサビリティとは，追跡するという意味である。食品に関しては適切でないものが世の中に出た場合に，いち早く，その食品を回収する手法をいうものである。その際，重要なことは，どのような不適切なものが，どの範囲の食品に混入しているかを，迅速に把握できるかということである。

このトレーサビリティシステムは，その安全な食品が，あるとき，その安全性に疑問を持たれたときに効力を発揮するものでなくてはならない。つまり安全であるべき食品や家畜飼料に疑義が発生した時に始動する。

当然のことながら疑義の解明にはそのためのメンバーが構成されて，役割を分担して行動が起こせなければならない。安全であるべき食品や家畜の飼料が安全でなく，顧客に疑いを持たせたのである。

解明には，その食品を製造しているときに，使用している原材料，途中の手直しの状況，生産期間などに関して，文書化した情報が必要であり，それらの情報を保持すること（記録すること）が大切である。その記録は責任者が，一定の間隔で確認しなければならない。

8.4　緊急事態への準備及び対応

8.4.1　一般―トップマネジメントの役割

ここでは緊急事態の対応にインシデントおよびアクシデントという言葉を取り込んできたが，日本では，例えば，事故が起きたが，ミスで終わりほっとしたなどと発言する経営者はいない。アクシデントは確かに事故であるが，緊急事態という用語とは異なっている。

本項では，日本の実情に合わせて，インシデントおよびアクシデントという用語は取り上げず，緊急事態という用語で進めていく。

8.4.2 緊急事態及びインシデントの処理

食品安全の製品を製造し，提供しているときには緊急事態の状況に対応することが大切である。緊急事態に関しては，事前に予測して，その対応を把握していればよいが，予測しないことに遭遇すると慌てふためき大きなトラブルにつながる。その結果は，顧客に損害を被らせることになる。

1） 緊急事態は，一般論として考えられるものもあるが，地区によって異なるものもある。その事例を次に示してみる。

次のものは文書化した情報を確立し維持しなければならない（緊急事態を記載した文書を保管しなければならない）。

例えば，

(1) 食中毒の発生
(2) 許容限界の逸脱品の出荷
(3) 大規模停電
(4) 大規模天災の発生
(5) 大規模な設備の故障
(6) 原料不足
(7) 工場の火災

などである。

2） 緊急事態への備えと対応

緊急事態への対応は「早期対応」，「被害の未然防止」である。しかしながら，万一緊急事態が発生した場合は，被害の拡大防止に努めることが大切である。

その対応を以下に述べる。

次のものは文書化した情報を確立し維持しなければならない（文書を保管し，必要な記録を保持しなければならない）。

(1) 緊急事態での事前対応である
  a） 緊急管理組織の確立（緊急事態対応委員会など）
  b） 対応手順の確立
  c） 訓練の実施
(2) 緊急事態発生時の対応
  a） 事態の情報把握

b) 情報の解析

c) 被害終結対策の実施

d) 保健所，警察，関連行政への連絡

e) 必要な情報開示，報道機関等へ提供

(3) 再発防止策の検討（これは緊急事態が一段落してからでよい）

a) 原因の調査

b) 改善策の決定

c) 改善策の実施と結果の評価

8.5 ハザードの管理

◆ハザードとOPRP，HACCPプランとCCPとの関係

ISO 22000はその食品（人が食する食品や人の食する家畜の飼料）に安全な食品（飼料を含む）を確実に提供するのが目的である。その食品を害するものを日本語では危害要因物質などと呼び，英文ではハザードと呼ぶ。

ISO 22000では，この危害要因物質を3分類に分けている。生物学的ハザード，化学的ハザードおよび物理的ハザードである。

生物学的ハザードには病原菌，ウイルス，寄生虫などがあり，化学的ハザードには農薬，抗生物質，動物（フグなど）や植物（毒キノコ），アレルゲンなどがある。一方，物理的ハザードには金属片，石ころ，硬質プラスチェック片などがある。

これらの物質をそれぞれ生物学的ハザード，化学的ハザードおよび物理的ハザードと呼ぶのである。

一方，ハザード分析に関与する用語に直接関与するものにOPRP，HACCPプランおよびCCPがある。

すでに，用語の中で述べたのであるが，“HACCPプラン”は頻繁に出てくるにもかかわらず，ISO 22000の規格の中では，“HACCPプラン”には定義はない。しかしながら，「Codex HACCPガイドライン」の中に記述されているので述べておく。

それには，“検討中の，一連の食品取扱の特定の区分において，ハザードの管理を確立するためにHACCPの原則にしたがって作られた文書”であると定義されている。

HACCPプランは，基本的にはハザードを除去する各種手段であり，実は，HACCPプランで除去されるハザードはいくつかの手段がありながら，ハザード除去が重複するものもある。その場合は，全てのモニタリングでハザードを管理するのは無駄である。

そのため，HACCPプランのなかでCCPという管理手段を設定し，必要最小限の管理手段として，CCPと呼ぶことにしたのである。

8.5.1　ハザード分析を可能にする予備段階

8.5.1.1　一般─食品安全チームに要望されるハザード分析に必要な情報の収集

ここでの“ハザード”とは人や家畜に害を与える可能性のある物質のことで，どのような物質が人や家畜に害を与える可能性が高いのか，あるいはどのような物質が人や家畜に害を与える可能性が低いのかを明確にすることを“ハザード管理”あるいは“ハザード分析を可能にする予備段階”と言うのである。ハザード分析を可能とする予備段階には次のものがある。

1)　フローダイアグラム（プロセスの組み合わせをフローダイアグラムと言う）を構成するものに法令，規制，顧客の要求事項がある。
2)　製品，工程および装置はプログラムを構成するものである。
3)　FSMS に関連する食品安全あるいは安全でないハザード（危害要因物質）がある。

8.5.1.2　原料，材料及び製品に接触する材料の特性

ISO 22000 では，「8.5」においてハザード管理を実施することにしている。ISO 22000 での最重要な要求規格群である。食品中のハザードは下記のように分析をするのである。

ここからは，全ての原料，材料および製品に接触する材料に次のものを含めて，ハザード分析を実施するために，自社で必要となる範囲で文書化した情報を維持しなければならない（文書化しなければならない）。また，新たな情報は更新しなければならない。食品安全にかかわる最新の法令・規制要求事項を明確にしなければならない。

1)　自社の製品に関する生物学的，化学的および物理的特性
2)　添加物および加工助剤を含む，配合された材料の組成
3)　原材料（動物，鉱物，野菜など）の由来
4)　原材料の原産地（地域特有のハザードがある可能性がある）
5)　原材料の生産方法（その生産方式特有のハザードがある可能性がある）
6)　包装および配送方法（包材には食品衛生法の規定がある）
7)　保管条件およびシェルフライフ
8)　使用，加工前の準備または取り扱い（自社で使用前に加工が必要なものがある）
9)　購入した資材（主として設備材料）の食品安全に関連する合否判定基準（加工における設備を構成している材料から有害物に汚染される危険性がある。食品衛生法の中に製法材料が使用できるものと使用できないものとがある）

食品安全製品製造に使用される全ての原料，材料および製品に接触する材料に対して適

用される全ての法令・規制食品安全要求事項を確実に把握しなければならない。ハザ—ドとは，人や家畜に害を与える可能性のある物質のことで，どのような物質が人や家畜に害を与える可能性が高いのか，あるいはどのような物質が人や家畜に害を与える可能性が低いのかを明確にする。

例えば，ベルトコンベアーの構成材料，製品に接触する材料 (例えばベルトコンベアーのベルト) のようなものも，その特性を明確にすることが求められるのである。

1)　該当する食品製造，あるいは食品の取り扱い過程には，どのような食品安全ハザードがあるのかを明確にするのである。ハザードがあるとは，ハザードが存在すること，ハザードが増加すること，あるいは，ハザードが減少することを含むのである。
2)　ハザードが人や家畜に対して与える危害の大きさの程度を考慮し，人や家畜に特に害を与えない場合は，管理しなくてもよいのである。
3)　その食品安全ハザードに対して管理が必要か，あるいは管理が必要でないかを明確にしていくのがハザード分析なのである。

8.5.1.3　最終製品の特性

ここからは，全ての最終製品にかかわる特性のハザード分析を実施するために，自社で実施する範囲で文書化した情報を維持しなければならない（文書化しなければならない)。また，新たな情報は更新しなければならない。

食品安全にかかわる最新の法令・規制要求事項を明確にされねばならない。

1)　製品名または識別
2)　成　分
3)　食品安全にかかわる生物学的，化学的および物理的特性
4)　意図した保管条件およびシェルフライフ
5)　包　装
6)　食品安全に関する表示，取り扱い，調理，および意図した用途の説明
7)　流通および配送の方法

8.5.1.4　意図した用途

最終製品の企画時に意図した用途がある。当然予測される最終製品の取り扱いがある。

一方，意図しないが，知識不足から，当然予測されるいかなる誤った取り扱いおよび誤使用の可能性があることを考慮し，ハザード分析を実施するために必要な範囲で文書化した情報を維持しなければならない（文書化しなければならない)。

8.5.1.5　フローダイアグラム及び工程の記述

8.5.1.5.1　フローダイアグラムの作成

フローダイアグラムとは，製品製造の工程が書かれた流れ図のことである。このフローダイアグラムは，該当工程における食品安全ハザードの発生，増大，混入，削減，低減などの変動を解析するための基礎となるものである。フローダイアグラムは，基本的には製品ごとに作成するものであるが，類似のものに関しては製品群ごとに作成してもよい。もし，一部に異なる条件があれば，別途注記しておけばよい。

フローダイアグラムは文書化した情報として維持しなければならない（文書化しなければならない)。フローダイアグラムの文書化した情報は，最低限 1 回前の記録は維持して保管するのがよい。

8.5.1.5.2　フローダイアグラムの現場確認

フローダイアグラムは，正確に現場の実態を反映していなければならない。そのために食品安全チームは時間を変え，日にちを変えてフローダイアグラムの現場確認をしなければならない。現場確認をすると臨時的な製造があったり，異なった機器が使われていることもあり注意する必要がある。そのことは，現場確認をしたフローダイアグラムに記載し，文書化した情報を維持しなければならない（文書化しなければならない)。現場を確認して，実態を記載したものに確認日付を入れ，確認者が署名して保管しなければならない。よく，現場確認をしたフローダイアグラムをワープロで打ち直したりして，整理し，保管しているのを見るが，これは適切な記録とはいえない。

フローダイアグラムの例を図 8.5-1 に示す。図中の B, C, P はハザードの分類で，B：生物学的，C：化学的，P：物理的，を示している。

8.5.1.5.3　工程及び工程の環境の記述

フローダイアグラムに記述が求められている「工程の段階」とは，作業工程を，例えば浸漬，煮熟などに明確に区切ることであり，「管理手段」とは，作業における浸漬や煮熱などの処理により，目的とする食品の状態変化を達成する際の手段のことである。

浸漬とは，浸漬工程で小豆に水を加えて，水を吸い込ませ，煮やすくすることであり，一定の温度の水に一定の時間漬けることでハザードが低減するとの管理手段となる。一方，煮熟とは煮熟工程で煮釜に小豆と水を加え，熱を加えて煮ることであり，この熱を加えることと，一定の時間加熱することが管理手段となる。この際，処理の基準である時間や温度も記述することが求められている。その際に顧客要求事項や法令規制要件などがあれば記述が求められている。

フローダイアグラムは以下の事項を考慮して作成しなければならない。

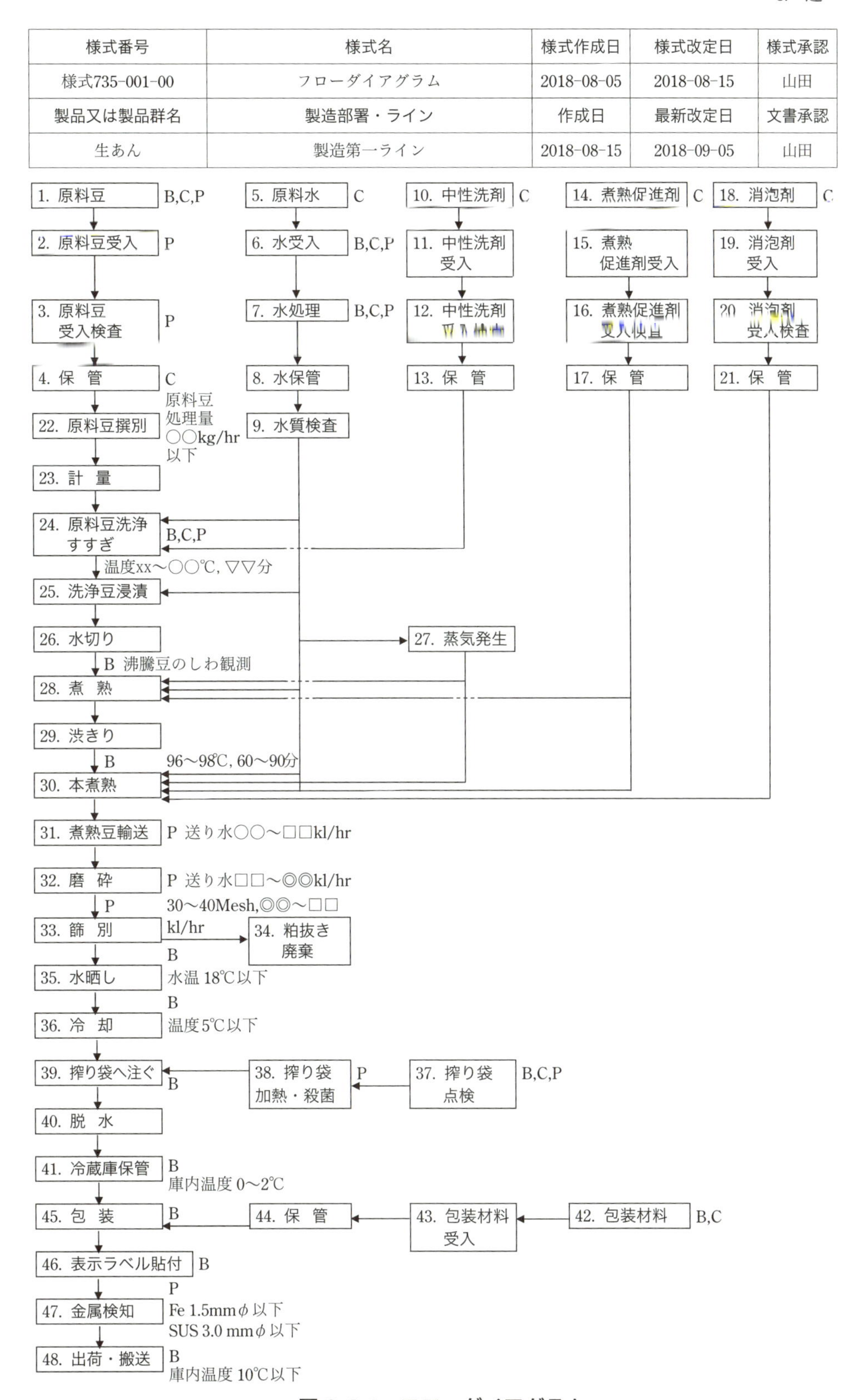

様式番号	様式名	様式作成日	様式改定日	様式承認
様式735-001-00	フローダイアグラム	2018-08-05	2018-08-15	山田
製品又は製品群名	製造部署・ライン	作成日	最新改定日	文書承認
生あん	製造第一ライン	2018-08-15	2018-09-05	山田

図 8.5-1　フローダイアグラム

1) 個々の作業をできるだけ細分化して記載する
2) アウトソースしたプロセスは必ず記述する
3) 原料，材料および中間製品が入る箇所を明確に記載する
4) 中間製品の残余の部分がリサイクルされる箇所があれば明解に記載する
5) 最終製品，中間製品，副産物および廃棄物を分離したり除去したりする箇所を記載する

8.5.2 ハザード分析

8.5.2.1 一般─食品安全チームによるハザードの決定

本項では，食品安全を確保するために管理が必要な食品安全ハザードを明確にして，そのハザードを管理する手段を決定するために，ハザード分析を実施することが求められているのである。ハザード分析は，HACCP における重要な部分を占めている。HACCP のシステムを構築するときは，よくハザード分析が終われば 60％以上の HACCP 構築が終わったと言われるほどの大仕事である。それくらい，ハザード分析は重要なものなのである。

ハザード分析の準備段階では，すでにハザード分析に必要な情報の収集を行い，記述してきた。その結果からハザードが明確になり，そのハザードを管理する必要のあるものと，管理がいらないものとを分類していくのである。

ここでは，各種ハザードを例示する。

◆各種ハザードの事例

① ハザード別区分の例

生物学的ハザード例

a）菌

病原性菌（芽胞形成）
・ボツリヌス
・ウエルシュ
・セレウス

病原性菌（芽胞形成なし）
・カンピロバクター
・病原性大腸菌
・リステリアモノサイトゲネス
・サルモネラ
・黄色ブドウ球菌
・腸球菌
・腸炎ビブリオ
・エルシニア
・赤痢菌
・コレラ

b）真菌類

c）ウイルス
・ノロウイルス
・A 型，E 型肝炎
・ロタウイルス

d）寄生虫
・アニサキス
・クリプトスポリディウム
・旋毛虫（トリヒネラ）
・ギアルディア
・条虫
・回虫
・トキソプラズマ

化学的ハザード例

a）自然起源
- ・アレルギー物質
- ・マイコトキシン（例：アフラトキシン）
- ・さば毒（ヒスタミン）
- ・シガテラ魚毒
- ・フグ毒
- ・貝毒
  - 麻痺性貝毒（PSP）
  - 下痢性貝毒（DSP）
  - 神経性貝毒（NSP）
  - 記憶喪失性貝毒（ASP）
- ・きのこ毒
- ・雑豆の青酸配糖体
- ・ジャガイモソラニン，チャコニン

b）添加化学物質
- ・農薬
- ・殺虫剤
- ・肥料
- ・抗生物質
- ・成長ホルモン

c）環境由来化学物質
- ・PCB

d）安全性未評価の遺伝子組換え食品

e）毒性元素，化合物
- ・鉛
- ・亜鉛
- ・カドミウム
- ・水銀
- ・ヒ素
- ・シアン

f）食品添加物（主として使用制限があるもの）
- ・保存料，色素など

g）不純物
- ・潤滑油
- ・洗剤
- ・殺菌剤
- ・塗装剤
- ・ペンキ
- ・冷媒
- ・水，蒸気処理剤
- ・害虫制御剤

h）包材由来
- ・可塑剤
- ・塩化ビニール
- ・印刷インク
- ・接着剤
- ・スス

物理的ハザード例

・ガラス	・隔壁剤
・木	・動物の骨
・石	・プラスティック
・金属	・人の持ち物

◆次に製品別ハザードと食中毒病因物質別ハザードの例を示す

一つは，「食品衛生法別表第2（第13条）関連 『危害要因物質』例」ともう一つは，平成29年の厚生労働省で取りまとめられている「食中毒統計」<https://www.mhlw.go.jp/stf/seisakunitsuite/bunya/kenkou_iryou/shokuhin/syokuchu/04.html>から，「月別病因物質別発生状況＜件数＞」を紹介する。なおこの統計は，毎年，「食品衛生研究」（公益社団法人　日本食品衛生協会　発行）9月号に前年度のものが掲載されるのでこれも参考にしてもらいたい。

食品衛生法別表第2（第13条関連）「危害要因物質」例

食品の区分	食品衛生上の危害の原因となる物質
清涼飲料水	1 異物 2 エルシニア・エンテロコリチカ 3 黄色ブドウ球菌 4 カンピロバクター・ジエジユニ 5 カンピロバクター・コリ 6 クロストリジウム属菌 7 抗菌性物質（化学的合成品（化学的手段により元素又は化合物に分解反応以外の化学的反応を起こさせて得られた物質をいう。以下同じ。）であるものであつて，原材料である乳等（乳及び乳製品の成分規格等に関する省令（昭和26年厚生省令第52号）に規定する乳等をいう。以下この表において同じ。）又はその加工品に含まれるものに限る。） 8 抗生物質 9 殺菌剤 10 サルモネラ属菌 11 重金属及びその化合物（法第11条第1項の規定により食品の成分につき規格が定められたものであつて，原材料に含まれるものに限る。以下この表において同じ。） 12 セレウス菌 13 洗浄剤 14 添加物（法第11条第1項の規定により使用の方法につき基準が定められたものに限り，殺菌剤を除く。以下この表において同じ。） 15 内寄生虫用剤の成分である物質（その物質が化学的に変化して生成した物質を含み，法第11条第3項の規定により人の健康を損なうおそれのないことが明らかであるものとして定められた物質を除き，原材料に含まれるものに限る。以下この表において同じ。） 16 農薬の成分である物質（その物質が化学的に変化して生成した物質を含み，法第11条第3項の規定により人の健康を損なうおそれのないことが明らかであるものとして定められた物質を除き，原材料に含まれるものに限る。以下この表において同じ。） 17 病原大腸菌 18 腐敗微生物 19 リステリア・モノサイトゲネス
食肉製品	1 アフラトキシン（原材料である香辛料に含まれるものに限る。以下この表において同じ。） 2 異物 3 黄色ブドウ球菌 4 カンピロバクター・ジエジユニ 5 カンピロバクター・コリ 6 クロストリジウム属菌 7 抗菌性物質（化学的合成品であるものであつて，原材料である乳等，食肉，食鳥卵若しくは魚介類又はこれらの加工品に含まれるものに限る。以下この表において同じ。） 8 抗生物質 9 殺菌剤 10 サルモネラ属菌 11 セレウス菌

	12　洗浄剤 13　旋毛虫 14　腸炎ビブリオ（原材料である魚介類若しくは鯨又はこれらの加工品に含まれるものに限る。） 15　添加物 16　内寄生虫用剤の成分である物質 17　病原大腸菌 18　腐敗微生物 19　ホルモン剤の成分である物質（その物質が化学的に変化して生成した物質を含み，法第11条第3項の規定により人の健康を損なうおそれのないことが明らかであるものとして定められた物質を除き，原材料に含まれるものに限る。以下この表において同じ。）
魚肉練り製品	1　アニサキス 2　アフラトキシン 3　異物 4　黄色ブドウ球菌 5　クロストリジウム属菌 6　殺菌剤 7　サルモネラ属菌 8　シユードテラノーバ 9　セレウス菌 10　洗浄剤 11　大複殖門条虫 12　腸炎ビブリオ 13　添加物 14　ヒスタミン（原材料である魚介類又はその加工品に含まれるものに限る。以下この表において同じ。） 15　病原大腸菌 16　腐敗微生物
容器包装詰加圧加熱殺菌食品	1　アフラトキシン 2　異物 3　黄色ブドウ球菌 4　クロストリジウム属菌 5　下痢性又は麻痺性の貝毒（原材料である貝類又はその加工品に含まれるものに限る。） 6　抗菌性物質 7　抗生物質 8　殺菌剤 9　重金属及びその化合物 10　セレウス菌 11　洗浄剤 12　添加物 13　内寄生虫用剤の成分である物質 14　農薬の成分である物質 15　ヒスタミン 16　腐敗微生物 17　ホルモン剤の成分である物質

◆食中毒発生別事例－資料

（全体）　　月別病因物質別発生状況（件数）　　（平成29年）

		総数	1月	2月	3月	4月	5月	6月	7月	8月	9月	10月	11月	12月
総数		1,014	68	94	69	65	85	84	75	99	114	102	77	82
細菌	総数	449	7	26	14	31	45	46	44	63	71	52	23	27
	サルモネラ属菌	35	－	－	－	－	1	2	7	10	9	5	1	－
	ぶどう球菌	22	1	2	1	－	2	2	5	6	1	1	1	－
	ボツリヌス菌	1	－	1	－	－	－	－	－	－	－	－	－	－
	腸炎ビブリオ	7	－	－	－	－	－	－	－	3	3	1	－	－
	腸管出血性大腸菌（VT産生）	17	－	－	－	－	1	－	1	11	1	1	2	－
	その他の病原大腸菌	11	－	－	1	－	1	－	1	4	1	2	－	1
	ウエルシュ菌	27	－	3	2	4	4	2	－	2	4	1	1	4
	セレウス菌	5	－	－	－	－	1	－	1	1	2	－	－	－
	エルシニア・エンテロコリチカ	1	－	－	－	－	－	－	－	－	1	－	－	－
	カンピロバクター・ジェジュニ／コリ	320	6	20	9	27	34	40	29	26	48	41	18	22
	ナグビブリオ	－	－	－	－	－	－	－	－	－	－	－	－	－
	コレラ菌	－	－	－	－	－	－	－	－	－	－	－	－	－
	赤痢菌	－	－	－	－	－	－	－	－	－	－	－	－	－
	チフス菌	－	－	－	－	－	－	－	－	－	－	－	－	－
	パラチフスA菌	－	－	－	－	－	－	－	－	－	－	－	－	－
	その他の細菌	3	－	－	1	－	1	－	－	－	1	－	－	－
ウイルス	総数	221	50	46	29	10	14	11	8	4	3	7	16	23
	ノロウイルス	214	50	45	29	8	14	10	7	3	3	7	15	23
	その他のウイルス	7	－	1	－	2	－	1	1	1	－	－	1	－
寄生虫	総数	242	7	14	17	13	18	22	19	18	29	31	27	27
	クドア	12	－	2	－	1	2	1	1	－	2	－	1	2
	サルコシスティス	－	－	－	－	－	－	－	－	－	－	－	－	－
	アニサキス	230	7	12	17	12	16	21	18	18	27	31	26	25
	その他の寄生虫	－	－	－	－	－	－	－	－	－	－	－	－	－
化学物質	化学物質	9	－	1	－	1	－	1	－	3	1	1	－	1
自然毒	総数	60	3	5	7	6	5	3	2	4	7	9	7	2
	植物性自然毒	34	1	－	2	3	4	2	1	3	5	9	3	1
	動物性自然毒	26	2	5	5	3	1	1	1	1	2	－	4	1
その他		4	－	－	－	－	－	－	1	1	－	1	1	－
不明		29	1	2	2	4	3	1	1	6	3	1	3	2

◆世界の各国における微生物の基準

世界各国において微生物による国民に害を与えない基準をCodexできめており，FSO（Food Safety Objective）およびALPO（Appropriate Level of Protection）という水準がある。

ここではその基準を示してみる。

世界各国の微生物による人に害を与えないハザードの最大値はFSO（Food Safety Objective）：摂食時の食品安全目標値）と呼ばれる。例えば，リステリア・モノサイトゲネスは調理済みの場合で100/gを超えないこととされている。これは国々で設定することができるとされている。

これに関連して“適切な衛生健康保護水準としてALPO（Appropriate Level of Protection）という水準があり，直接にはFSOとは結びつかないが，FSOを満たしておれば，ALPO満たすとされている。他国に製品を輸出するときは，他国の数値を把握することがある。

日本では，健康被害を起こさない食品安全ハザードの許容水準があるものが多く，現段階ではそれらの許容水準を考慮すべきである。

例えば日本では，O-157のような一般の有害菌は75℃以上，1分以上の加熱で死滅するとされており，また，例えばボツリヌス菌の芽胞は，120℃ 4分以上の加熱で殺菌されるとされており，さらに，pH 4.6未満であり，あるいは水分活性が0.95未満であれば，芽胞が発育せず，有害とはとはならないとされている。

調理直後，直ちに提供される食品以外の食品は，食中毒菌の増殖を防ぐために，30分以内に20℃付近に，または60分以内で中心温度を10℃付近に下げる工夫が必要である。

一方，ノロウイルスは85℃～90℃またはこれと同等以上の温度，1分30秒以上の加熱することで，その害を防げるとされている。その他，日本では，種々の資料が見られるので参照にするとよい。

8.5.2.2　ハザードの特定及び許容水準の決定

8.5.2.3　ハザード評価

フローダイアグラムが確立し，ハザード分析を可能にする予備段階（8.5.1）が終り，食品安全チームのハザード決定がなされると，次はハザード分析ワークシートの確立である。最大の重要な段階に差し掛かったのである。

ハザード分析ワークシートを順序に沿って組み立てていくのである。(1)，(2)，(3)，(4)，(5)，(6)，(7)，(8)，(9) の並びであるが，ハザード分析の最大のポイントは (4) の危害評価である。ここで，該当するハザードの“厳しさ”は“1”，“2”，“3”に分け，“頻度”も，“1”，“2”，“3”に分け両者の掛け算をしてその数値に応じて“危険度”の数値を算定し，(5) に進めなければならないか，あるいはハザード管理は必要でないかを分類するの

ハザード分析ワークシート例

様式番号	様式名	様式作成日	様式最新改定日	承認
様式742-001-00	ハザード分析ワークシート	2018-08-05		山田

ハザードの分類：B；生物学的，C；化学的，P；物理的　　危害の厳しさ：3；重度，2；中度，1；軽度　　発生頻度：3；発生頻度も高い，2；発生頻度は中程度，1；発生頻度は低い

製品又は製品群名	製造部署・ライン	作成日	最新改定日	承認
生あん	第一製造ライン	2018-09-05		山田

(1) 製品／段階	(2) 当該製品に含まれる／当該段階で侵入，増大する或は管理される潜在的ハザードの特定	(3) 第2欄決定の根拠	(4) 危害評価			(5) 特定されたハザードは衛生管理方法で管理可能か		(6) 衛生管理方法で管理不可の場合，管理手段はあるか		(7) 管理手段の妥当性は可か	(8) 許容限界の要否	(9) 管理箇所 CCP，OPRP（ ）内は管理点の段階番号
			厳しさ	頻度	危険度	イエス／ノー	管理手段	イエス／ノー	管理手段			
1. 原料豆	B：腐敗微生物による汚染（栄養細胞）	・原料豆は農産物なので菌付着は避けられない	2	2	4	ノー		イエス	加熱殺菌	可	不要	OPRP3B (30)
	B：腐敗微生物による汚染（芽胞）	・原料豆は農産物なので菌付着は避けられない	2	2	4	ノー		イエス	水温，冷蔵管理で増殖予防	可	不要	OPRP6B (33) OPRP8B (41)
									表示による顧客への伝達			CCP4B (46)
	B：病原微生物（芽胞非形成）による汚染 サルモネラ属菌 病原大腸菌 黄色ブドウ球菌	・原料豆は農産物なので菌付着は避けられない	3	3	9	ノー		イエス	加熱殺菌	可	不要	OPRP3B (30)
	B：病原微生物（芽胞形成）による汚染 クロストリジウム属菌 セレウス属菌	・原料豆は農産物なので菌付着は避けられない	3	3	9	ノー		イエス	水温，冷蔵管理で増殖予防	可	不要	OPRP6B (36) OPRP8B (41)
									表示による顧客への伝達			CCP4B (46)
	C：シアン化合物含有	・原料豆によってはシアン化合物を含むものがある	2	2	4	イエス	・農家にシアン化合物を含まないものを注文。保証書入手					
	C：農薬残存	・原料豆生産者が適正に農薬を使用しない	2	1	2	イエス	・農家に適正な農薬使用を委託。保証書入手					
	P：硬質異物 金属片 プラスティック，木片，ガラス，小石等 軟質異物 昆虫，そ族由来物 ビニール片，紐等 人毛，獣毛	・原料豆は農産物なので異物混入は避けられない	3	3	9	ノー		イエス	撰別機による分別	可	要	CCP2P (22)
								イエス	篩分けによる分別	可	不要	OPRP4P (33)

ハザード分析ワークシート例

様式番号	様式名	様式作成日	様式最新改定日	承認
様式742-001-00	ハザード分析ワークシート	2018-08-05		山田

ハザードの分類：B；生物学的，C；化学的，P；物理的　　危害の厳しさ：3；重度，2；中度，1；軽度　　発生頻度：3；発生頻度も高い，2；発生頻度は中程度，1；発生頻度は低い，0；無視できる

製品又は製品群名	製造部署・ライン	作成日	最新改定日	承認
生あん	第一製造ライン	2018-09-05		山田

(1) 製品／段階	(2) 当該製品に含まれる／当該段階で侵入，増大する或は管理される潜在的ハザードの特定	(3) 第2欄決定の根拠	(4) 危害評価			(5) 特定されたハザードは衛生管理方法で管理可能か		(6) 衛生管理方法で管理不可の場合，管理手段はあるか		(7) 管理手段の妥当性は可か	(8) 許容限界の要否	(9) 管理箇所CCP，OPRP（　）内は管理点の段階番号
			厳しさ	頻度	危険度	イエス／ノー	管理手段	イエス／ノー	管理手段			
22. 原料豆撰別	B：病原微生物汚染	・機器の洗浄不良	1	1	1							
	C：不純物付着	・機器の洗浄不良	1	1	1							
	P：硬質異物 金属片 プラスティック， 木片，ガラス，小石等	・撰別工程条件が不良になると硬質異物が残存する	2	3	6	ノー		イエス	比重撰別機による分別	可	要	CCP2P (22)
23. 計量	B：病原微生物汚染	・計量時の作業者による汚染	1	1	1							
	C：不純物汚染	・計量時の放置化学薬品による汚染	1	1	1							
	P：異物混入	・計量時の整理整頓不良作業環境よりの混入	1	1	1							
24. 原料豆洗浄，すすぎ	B：病原微生物（芽胞非形成）残存 サルモネラ属菌 病原大腸菌 黄色ブドウ球菌	・洗浄不良だと病原微生物が残存する	2	3	6	ノー		イエス	水すすぎによる低減 加熱殺菌	可 可	不要 不要	OPRP1B (24) OPRP3B (30)
	B：病原微生物（芽胞形成）残存 クロストリジウム属菌 セレウス属菌		2	3	6	ノー		イエス	水すすぎによる低減 加熱殺菌 冷蔵管理による静菌	可	不要	OPRP1B (24) OPRP7B (30) OPRP9B (41)
									表示による顧客への伝達			CCP4B (41)
	C：中性洗剤の残存	・管理が不良だと中性洗剤が残存する	2	1	2	イエス	・洗浄後のすすぎ手順遵守					
	P：原料豆付着異物残存	・管理が不良だと砂などの微細異物が残存する	2	1	2	イエス	・洗浄後のすすぎ手順遵守					

ハザード分析ワークシート例

様式番号	様式名	様式作成日	様式最新改定日	承認
様式742-001-00	ハザード分析ワークシート	2018-08-05		山田

ハザードの分類：B；生物学的，C；化学的，P；物理的　危害の厳しさ：3；重度，2；中度，1；軽度　発生頻度：3；発生頻度も高い，2；発生頻度は中程度，1；発生頻度は低い，0；無視できる

製品又は製品群名	製造部署・ライン	作成日	最新改定日	承認
生あん	第一製造ライン	2018-09-05	2008-04-01	山田

(1) 製品／段階	(2) 当該製品に含まれる／当該段階で侵入，増大する或は管理される潜在的ハザードの特定	(3) 第2欄決定の根拠	(4) 危害評価			(5) 特定されたハザードは衛生管理方法で管理可能か		(6) 衛生管理方法で管理不可の場合，管理手段はあるか		(7) 管理手段の妥当性は可か	(8) 許容限界の要否	(9) 管理箇所 CCP，OPRP（ ）内は管理点の段階番号
			厳しさ	頻度	危険度	イエス／ノー	管理手段	イエス／ノー	管理手段			
28. 煮熟	B：病原微生物（芽胞非形成）残存 サルモネラ属菌 病原大腸菌 黄色ブドウ球菌 B：病原微生物（芽胞形成）栄養細胞残存 クロストリジウム属菌 セレウス属菌	・煮熟条件が不良だと病原微生物（芽胞非形成）及び病原微生物（芽胞形成）栄養細胞が残存する	3	3	9	ノー		イエス	加熱殺菌	可	不要	OPRP3B (3[illegible])
	C：有害物混入	・管理された以外の水使用	1	1	1							
	P：異物混入	・管理された以外の水使用	1	1	1							
29. 渋きり	B：病原微生物汚染	・長時間開放による落下菌の汚染	1	1	1							
	C：有害物混入	・周りの整理整頓不良による混入	1	1	1							
	P：異物混入	・周りの整理整頓不良による混入	1	1	1							
30. 本煮熟	B：病原微生物（芽胞形成）残存 クロストリジウム属菌 セレウス属菌	・煮熟条件が不良だと病原微生物（芽胞形成）の発芽した栄養細胞が残存する	3	3	9	ノー		イエス	加熱殺菌	可	不要	OPRP3B (3[illegible])
	C：有害物混入	・管理された以外の水使用	1	1	1							
	P：異物混入	・管理された以外の水使用	1	1	1							

ハザード分析ワークシート例

様式番号	様式名	様式作成日	様式最新改定日	承認
様式742-001-00	ハザード分析ワークシート	2018-08-05		山田

ハザードの分類：B；生物学的，C；化学的，P；物理的　　危害の厳しさ：3；重度，2；中度，1；軽度　　発生頻度：3；発生頻度も高い，2；発生頻度は中程度，1；発生頻度は低い，0；無視できる

製品又は製品群名	製造部署・ライン	作成日	最新改定日	承認
生あん	第一製造ライン	2018-09-05		山田

(1) 製品／段階	(2) 当該製品に含まれる／当該段階で侵入，増大する或は管理される潜在的ハザードの特定	(3) 第2欄決定の根拠	(4) 危害評価			(5) 特定されたハザードは衛生管理方法で管理可能か		(6) 衛生管理方法で管理不可の場合，管理手段はあるか		(7) 管理手段の妥当性は可か	(8) 許容限界の要否	(9) 管理箇所CCP，OPRP（ ）内は管理点の段階番号
			厳しさ	頻度	危険度	イエス／ノー	管理手段	イエス／ノー	管理手段			
46. 表示ラベル貼付	B：病原微生物増殖	・低温保存の警告表示と保証期限明示ラベルを貼り忘れると，常温での取扱いがなされて，病原微生物が増殖する	2	3	6	ノー		イエス	表示貼付による顧客への伝達	可	要	CCP4B (46)
	C：有害物質混入	・ラベル貼付の接着剤の混入のおそれがある	1	1	1							
	P：金属異物	・ラベル貼付の際に異物混入のおそれがある	1	1	1							
47. 金属検知	B：病原微生物汚染	・取扱いが不良だと，袋が破損し，汚染される	1	1	1							
	C：有害物質混入	・取扱いが不良だと，袋が破損し，汚染される	1	1	1							
	P：金属異物残存	・金属探知機が不調だと金属異物が残存する	3	3	9			イエス	一定以上の金属異物を排除	可	要	CCP5P (47)
48. 出荷・搬送	B：病原微生物（芽胞非形成）の増殖 サルモネラ属菌 病原大腸菌 黄色ブドウ球菌 B：病原微生物（芽胞形成）の増殖 クロストリジウム属菌 セレウス属菌:	・冷却温度が不十分だと菌が増殖する	3	3	9			イエス	冷蔵車配送による静菌	可	不要	OPRP9B (48)
	C：有害物質汚染	・取扱いが不良だと，袋が破損し，汚染される	1	1	1							
	P：硬質異物混入	・取扱いが不良だと，袋が破損し，混入する	1	1	1							

である。著者の判定はPRPとハザード分析に関しては“4”に判定線を引いている。

(5) を超える場合の判定は，“4”に判定線を引いている。ハザードの管理可能を判定し“イエス”あるいは“ノー”にわけ，イエスであれば (5) で対応できるということであり，前提条件プログラムでハザードの対応ができるということである。“ノー”であれば (6) に進む。

(6) でやはり，“イエス”，“ノー”で判定をする。イエスであればここで“対応ができそうである”ということであるが，確実に対応ができるかどうか (7) で妥当性確認ができるかどうかの判定がなされるのである。イエスであれば“ハザードを除去できる”ということであり，ハザードを除去できないとなると，“ハザードを除去できる”状態にならないと先には進めなく修正が必要であることになる。

(7) で妥当性確認の判定ができれば，(8) に進めるが，ここでOPRPあるいはCCPに分かれるのである。許容限界の判定ができなければOPRPであり，許容限界の判定ができればCCPである。

ここで，晴れて，OPRPの管理手段かCCPの管理手段になるが，同じような管理手段がある場合は，できれば同じ場所で管理をした方が効率的であるので，管理手段を実施するのはできるだけ少なくできるように管理点番号を付けるのである。

審査をしていると，著者の判定をすすめているなかで，判定値が低すぎると考えられる場合が多すぎると思われることがあるが，同一の判定になる場合は，一箇所にまとめればよいのであり，若干厳しすぎるぐらいに判定数を導入するのが良いのである。人や家畜に害を与えては適切な分析ではないのである。

8.5.2.4 管理手段の選択及びカテゴリー分け

HACCPは人に危害を与える要因物質を除去して，安全な食品を人に供給するものである。この危害要因物質を除去する手段を「HACCPプラン」と呼ぶ。このHACCPプランは人に対する危害を除くために狙いをもって手段を導入し，危害要因物質を除去するものである。

一方，人に危害与える要因物質を“結果として除ける”ものがある。「OPRP(s)」と呼ばれる管理手段である。これは，正確には“Operational prerequisite programmes”である。すなわち“Operational”で始まる手段である。“オペレーショナル”は，食品を作る過程であり，結果として，人に危害を与える要因物質を除くものである。例えば，パンを焼く際に，結果としてセレウス菌を除けるものであり，炊飯を実施するときも同様である。

HACCPプランは，例えば，食品を作る際に，一定の温度以上に加熱して菌を除去したり，pHを一定の値以下にとどめたり，水分活性を一定の値以下に抑えたりして，有害芽胞菌の危害を抑えたりするものである。HACCPプランは随所で菌を抑える機会がある。

これは，随所で，HACCP プランの，例えば，温度や監視（モニタリング）をしなければならないことになる。これは管理としては大変なことである。そこで，重要なハザード管理手段は，できるだけ少ない回数で管理するのが良いのである。ここで，CCP(s) という管理手段が導入されて，できるだけ少ない回数で，確実な管理をしようとしたのである。

菌以外のハザードは，例えば，化学的ハザードには，アレルゲンがあるが，これはすべての人に害を与えるものではなく，特定の人に害を与えるものであるので，この場合は，商品のラベルに“アレルゲンが混入されている”ことを表示すればよいのであり，これがCCP(s) である。

金属異物などは，特定の場所で，一定以上の金属を除去できる“金属検出器”を設置すればよく，それが CCP(s) である。ただ，金属類を磁石で除去するような場合は，概略の大きさ以上の金属を除去するが，正確に，定量的には金属を除去することができないのでOPRP(s) と呼ばれる。

8.5.3　管理手段及び管理手段の組合せの妥当性確認

本項は，妥当性確認に関して述べている。この妥当性確認とは，ハザード（危害要因物質）管理プランに組み入れた管理手段および管理手段の実施に先立って，あるいは管理手段の変更が行われた場合に，それらの管理手段が目的通りの効果を達成できることが示せることを言うのである。すなわち，管理手段が重要な食品安全ハザードに関しての意図した管理を達成できることを言うのである。

一例を述べると，牛肉の中には数パーセントの確率で O-157 が付着していると言われている。本来，牛肉の中には O-157 は存在しないのであるが，牛の内臓の中には O-157 は存在するのであり，と畜場で，内臓を除去するときに，ナイフで内臓に傷をつけたりした場合に，肉が O-157 で汚染されたりすることがある。また，牛が飼育場内で寝たりするとき，便が牛の表皮に付着し，その牛の表皮を除去するときに，O-157 で汚染されたカッターによって，その牛の肉の表面を汚染させたりしてしまうことがある。

牛の内臓を取り出したりするたびに，と畜場法では，使用したナイフを 1 頭ごとに，83℃以上の熱湯で加熱して使用することになっているが，何かの拍子で，次の牛を処理するときに，そのナイフに O-157 が付着しており，次の牛肉に O-157 が付着することがあるのである。これは不可抗力である。

O-157 は，中心温度を 75℃以上，1 分以上で加熱すると死滅するので，その条件で人が食べても害にはならないのである。この牛肉の中心温度を 75℃以上，1 分以上で加熱すると，強力な食品安全ハザードである O-157 は，完全に除去できるのである。この牛肉の中心温度を 75℃以上，1 分以上で加熱することは，CCP の管理手段と呼ばれ，75℃以上，1

分以上の加熱を許容限界という。

ついでに，OPRPの処置基準の考え方を述べておく。OPRPには許容限界はないのである。

ISO 22000では，HACCPプランで食品安全ハザードを管理する箇所はいくつかあるが，その内の適切な箇所を選んでハザード除去できる箇所をCCPという。このCCPの箇所の管理数値を許容限界という。

一方，OPRPには「Operational（操作）」が伴うのである。ISO/DIS 22000：2004の附属所Aでは，“パンを焼くことによってその過程で食品安全ハザードを除くのがOPRPである”と記述されていた。日本では，ご飯を炊くのはOPRPであると言っているのと同等である。米（こめ）の中にはセレウス菌がいる。このセレウス菌は日本の厚生労働省によると食中毒菌に入っている。

日本でご飯を炊くのは，通常は，常圧で95℃以上，40分以上加熱することで出来上がるのである。芽胞は別として，通常の菌は75℃以上，1分以上の加熱をすると除去されるのである。したがって，95℃以上，40分以上に加熱すれば芽胞菌を除いて，セレウス菌（栄養細胞）は炊飯の間で十分死滅するのである。パンを焼くあるいはご飯を炊くという操作（Operational）の間に菌は十分に死滅し，安全でおいしいパンやご飯が食べられるのである。

OPRPは正確な数値での管理基準はない。通常の菌（栄養細胞）は75℃以上，1分以上加熱すると死滅するという許容限界があることから考えると，パンを焼くあるいは炊飯をする場合には許容限界をはるかに超えており，十分，食品安全ハザードを除去できる。これを，本規格（FSMS）では処置基準と呼んでいる。

食品安全チームにとっては，選択された管理手段あるいは処置基準により，目的通りの食品安全ハザードを除去できるので，妥当性確認が達成できるという。

しかしながら，菌のみを考慮すると許容限界に到達したといえるのであるが，OPRPでパンを焼く，ご飯を炊くのは，おいしいパンを焼き，おいしいご飯を炊くのが目的である。ご飯は95℃以上で40分以上の加熱をしないと，美味しいご飯にはならない。菌が死滅したからといってご飯ができたとは言わない。これこそがまさに「Annex SL」のFSMSである。

OPRPにおいては，ご飯が炊きあがる95℃以上40分以上加熱されたことをモニタリングしてこそ監視終了と言えるのである。

注記：修正には，管理手段の変更（すなわち，工程のパラメータ，厳密さおよび管理手段の組み合わせ）あるいは処置基準の変更ならびに原料の生産技術，最終製品特性，流通方法および最終製品の意図した用途の変更を含んで行うのである。

8.5.4　ハザード管理プラン（OPRP／HACCP プラン）

OPRP 整理表

様式番号	様式名	様式作成日	様式改定日	承認
様式 750-001-00	運用 PRP 整理表	2018-08-05		山田

製品の名称：生あん　　記入月日：2018-08-05　　記入者：天田

対象項目	内容
運用PRP番号	3B
ハザードが発生する工程	30. 本煮熟
管理対象ハザードの許容水準	病原微生物（栄養細胞）陰性
管理手段と基準	豆を煮あげる。その過程で，加熱により病原微生物（栄養細胞）を削減する。
管理手段及び基準の妥当性確認（運用PRPでは必ずしも必要はない）	・豆の煮あがりが，生あん製造に適切な状態になるには，水温 96～98℃で，60～90 分煮る必要がある。 一方，厚生労働省が示している「大量調理施設衛生管理マニュアル」によれば，病原微生物（栄養細胞）は 75℃以上，1 分以上の加熱をするかそれに相当する状況で加熱すると殺菌できるとの記述がある。 一般的には，菌は豆の表面に付着していると考えられ，水温 96～98℃で，60～90 分の煮熟はこれを十分満足する。
モニタリング	・豆の煮あがり状態。 豆の煮あがりは，力量を有した資格認定者によって水温及び煮熟時間の監視と外観確認で行われる。 ・水温約 96～98℃，60～90 分維持
修正 是正処置	・豆の煮あがり状態が不十分の場合は，本煮熟を継続する。 ・加熱温度，時間が不足の場合は追加する。 ・上記の不適合の原因を調査し，判明した原因を改善する。
検証方法	・監督者が運転日誌を毎日確認
記録文書名	・運転日誌

HACCPプラン整理表

様式番号	様式名	様式制定日	様式改定日	承認
様式 762-001-00	CCP 整理表	2018-08-05		山田

製品の名称：生あん　　記入月日：2018-08-10　　記入者：天田

対象項目	内容
CCP番号	6P
ハザードが発生する工程CCP	47：金属検知工程
ハザードの許容水準	3mm 未満の金属異物 この根拠は、米国 FDA では，7mm を超える金属片を含む食品は粗悪食品であると規定している。一方，水産物製品の HACCP の教育資料（第一版）では，一般的には，製造業者は金属片の探知限界を，鉄は 2.0mm，非鉄金属は 3.0mm を採用しているとしている。そのため，Fe:1.5mm φ，SUS:3.0mm φを排除するように設定している許容限界は妥当なものである。
管理手段及び許容限界	3mm 以上の金属異物を含んでいる製品を除去するように設定した金属探知機に製品を通過させ，通過した製品を適合品とする。
作業限界	特に設定せず
管理手段及び許容限界の妥当性確認	・金属探知機をテストピース感度；Fe:1.5mm φ，SUS:3.0mm φを排除するように設定してあれば，金属探知機の性能から 3.0mm φ以上の金属異物を混入している製品を排除することができる。
モニタリング	力量を認定された要員が，始業時，製品切り替え時，終業時に製品に組み込んだ Fe:1.5mm φ，SUS:3.0mm φのテストピースを通して，排除されることを確認する。 始業時，製品切り替え時，終業時にモニタリングをして異常があれば，その間の製品は，処置をとることが可能である。
修正 是正処置	・テストピースを排除できなかった場合は，最後に排除された以降の製品を隔離する。 ・金属探知器を点検し，必要ならば修理してから，あるいは同等の感度を有する金属探知器を使用し，隔離された製品を再度金属検知器を通す。 ・原因を調査して改善する。
検証方法	・監督者が毎日テストピース排出記録を確認 ・排除された製品はまとめて再チェックし，再度排出されたら原因調査と廃棄 ・年一度金属探知器の外部点検実施
記録文書名	・テストピース排除記録（モニタリング記録） ・排除品を再チェックした排除品は金属の有無調査記録 ・外部点検記録

8.6　PRPs 及びハザード管理プランを規定する情報の更新

PRPs およびハザード管理プランを確立した後，組織は必要ならば次の情報を更新しなければならない。

本件は，「8.5　ハザード管理」の「8.5.1　ハザード分析を可能にする予備段階」での次の項目である“文書化した情報を維持すること（文書化すること）”を求めているが，本項では，それらのものの更新を求めているのである。

なお，「8.2　前提条件プログラム」における「8.2.1」では，「製品，製品加工工程及び作業環境での汚染の予防及び低減を容易にするために，PRPs の確立，実施，維持及び更新すること」を求めているが，本項では，「ハザード管理プラン（ハザード管理計画）」および PRPs が最新版であることを確実にすることが求められているのである。

8.7　モニタリング及び測定の管理

モニタリングおよび測定に使用する装置は次の事項を満たさなければならない。

1)　使用前に，定められた間隔で校正または検証をする。
2)　調整をする。
3)　校正の状態が明確にできるようにする。
4)　校正の検証結果は文書化した情報として保持する（記録を保管する）。
　　校正は国際標準か国家標準にトレースできなければならない。
　　校正の標準がない場合は，校正または検証に用いた基準を文書化した情報として維持する。
5)　測定機器または工程が要求事項に適合しなかったら，組織はそれまでの測定した結果の妥当性を評価すること。その測定機器および影響を受けたあらゆる製品に対して，適切な処置をすること。そのような評価およびその処置の結果は，文書化した情報として保持する（記録を保管する）。
6)　モニタリングおよび測定で使用するソフトウエアは，組織，供給者，または第3者が使用前に妥当性をしなければならない。これには，文書化した情報として保持する（記録を保管する）。測定で使用するソフトウエアは更新しなければならない。

8.8　PRPs 及びハザード管理プランに関する検証

8.8.1　検証―組織の検証体制の確立

検証プランを確立し，維持しなければならない。検証プランでは，その目的，方法，頻度および責任を明確にすること。

検証活動の結果は文書化した情報を保持しなければならない（記録を保管しなければならない)。

検証活動は，そのプランを実施する責任者が実施してはならない。

1) PRP が実施され，効果的であるか。
2) ハザード分析へのインプットが，必要に応じて更新されているか。
3) ハザード水準が，許容水準の中にあるか。
4) ハザード分析が効果的であるか。
5) OPRP および HACCP プラン要素が実施されてかつ効果的であるか。
6) 工程からまたは最終サンプルが試験・検査がなされた時に不適合になった場合には，そのサンプルが安全でない可能性があるものとし，その内容を検討しなければならない。

8.8.2 検証活動の結果の分析

検証活動の結果の分析結果は，パフォーマンスで評価しなければならない。

8.9 製品及び工程の不適合の管理

8.9.1 一般─モニタリングデータの評価に必須の事項

8.9.2 修　正

8.9.2.1 許容限界（CCPs）/ 処置基準（OPRPs）エラー時の製品の適切な管理

組織は，CCPs の許容限界あるいは OPRPs の処置基準が守られなかった場合は，影響を受けた製品を明示して，その使用またはリリースについて管理をしなければならない。

一方，一般的には OPRP は正確なモニタリング（監視）システムの数字はないのであり，正確な測定値はない。例えば，炊飯をする際に，セレウス菌を除去するとすれば，芽胞菌でない場合は，セレウス菌（栄養細胞）は，中心温度が 75℃以上，1 分以上の加熱がなされれば，完全に死滅し，安全なご飯となる。

しかしながら，炊飯の場合は，おいしいご飯にするためには，常圧で 95℃以上，40 分程度加熱が必要なのであり，その結果として，セレウス菌（栄養細胞）は死滅して安全であり，おいしいご飯が出来上がるのである。

OPRP における炊飯では，処置基準は，常圧で 95℃以上の温度と，40 分程度の加熱時間が必要であり，これがモニタリングデータとなる。

したがって，その修正は，今後とも，常圧で 95℃以上，40 分程度加熱を守ることが必要であることになる。これが，“Operational（操作)” を通して行う OPRP なのである。

8.9.2.2　許容限界（CCPs）エラー時の製品の適切な取り扱い

対象となる製品が，特定の取り扱いの中で，安全上問題がなくなっていることが判明すれば，安全である製品になることもある。安全性の判定は，モニタリングで判定するのであり，製品そのものは安全性の領域に入っているということもある。ただ，「4.2　利害関係者のニーズ及び期待の理解」を考慮する必要があり，顧客が受け取るかどうかは，顧客の考え次第である。（「8.9.4.1」，「8.9.4.2」，「8.9.4.3」参照）

8.9.2.3　処置基準（OPRPs）エラー時に実施すること

処置基準が守られなかった場合どのような措置を取ればよいであろうか。本項はそのことを箇条にして明記している。

1)　食品安全に関する逸脱の結果の判断はどのようにすべきか
OPRPsの場合は食品安全のみでは判断できない。たとえ安全であっても，食品としておいしく食べられなければ食品としてリリースできない。
「4.2　利害関係者のニーズ及び期待の理解」を考慮する必要があり，顧客が受け取るかどうかは，顧客の考え次第である。（「8.9.4.1」，「8.9.4.2」，「8.9.4.3」参照）
2)　逸脱原因の特定はどのようにすべきか
上記と同様に，顧客の考えが大きくかかわる問題であり，「8.9.4.1」，「8.9.4.2」，「8.9.4.3」を参照することになる。
3)　処置基準の逸脱により影響を受けた製品の事情により対処は異なり，「8.9.4」を考慮して扱われる。

そして，上記の1）～3）場合の，評価の結果を文書化した情報として保持しなければならない。

8.9.2.4　修正は文書化した情報に含まれなければならない

修正を施した内容は，どのような内容を含んだ文書にしなければならないかを，簡潔にまとめた項目である。

1)　不適合の性質を見極め，不適合の性質に従った修正をする。例えば，表示のミスであれば，貼り直しが考えられる。
2)　逸脱の原因がどこにあったかを明らかにし，逸脱が，製品に直接関連しなければ，修正はあり得る。
3)　そして不適合の軽重の判定はどうであるかを決定し，不適合の結果が重大であれば，破棄する可能性が大である。

前記の記述は不適合製品および工程について行われた修正であり，再発を防ぐために実施するものである。

8.9.3　是正処置

本項では，製品および工程の不適合の管理に関して，OPRPs および CCP(s) におけるモニタリングで得られたデータに関して，是正処置の必要性を評価するのである。

ここでは，検出された不適合の原因を特定し，除去し，再発を防止し，不適合が特定された後に工程を正常に戻すための適切な処置を規定した文書を作成し維持することが求められている。

これらの処置は，規格の 1）～6）の 6 項目に示されている。

簡潔にまとめると，

1）顧客や顧客苦情または法律に基づく検査報告書で特定された不適合を評価すること。
2）管理が破綻する兆候が表れたことを示すモニタリング結果を評価すること。
3）モニタリング結果の評価から，不適合となった場合，その原因を特定すること。
4）不適合が再発しないための処置を決定し，実施すること。
5）再発防止にとられた是正処置を文書化すること。
6）さらに是正処置が有効であるかどうかを検証すること。

などである。

8.9.4　安全でない可能性がある製品の取り扱い

8.9.4.1　下記のいずれかの取り扱いを除き，製品はフードチェーンには入れられない

1）対象となる食品安全ハザードが規定された許容水準まで低減された場合。
2）対象となる食品安全ハザードが，フードチェーンに入る前に規定された許容水準まで低減されている場合。
3）製品が，不適合（許容限界を超えている，あるいは許容限界に達していない）にもかかわらず，対象となる食品安全ハザードの規定された許容水準を引き続き満たしている場合。

上記の評価結果は，文書化する情報として保持（記録を保管）しなければならない。

8.9.4.2　製品出荷のための評価

1）CCPs における許容限界内から逸脱した製品は「8.9.4.3」に適合すれば出荷できる。

2)　OPRPsにおける処置基準を満たしている状態から，逸脱によって影響を受けた製品は次項の2）のいずれかの条件に該当する場合であれば，安全な製品として出荷してよい。

8.9.4.3　不適合製品であるが出荷できるもの

1)　CCPsにおける許容限界内から逸脱した製品
 (1) 食品安全ハザードが許容水準まで低減されていることを確実にするために，組織内または外部での再加工または更なる加工をした場合。
 (2) フードチェーン内の食品安全が影響を受けることなく，他の用品に転用する場合。

2)　OPRPsにおける処置基準を満たしている状態から，逸脱によって影響を受けた製品
 (1) OPRPsのモニタリングシステム以外の証拠が有効であることを実証されている場合。
 (2) 特定製品に対する管理手段の複合的効果が，意図するパフォーマンスを満たしていることを実証する証拠がある場合。
 (3) サンプリング，分析およびその他の検証活動の結果によって，影響を受けた製品が，該当する食品安全の特定モニタリングに適合する場合。

上記の評価結果は，文書化する情報として保持（記録を保管）しなければならない。

8.9.5　回収 / リコール

回収 / リコールの実施に関して文書化した情報を維持しなければならない。（文書化しなければならない）。

この文書は次の通りでなければならない。

1)　関連する利害関係者（法令規制当局，顧客，消費者など）への通知。
2)　回収 / リコールした製品または在庫にある製品の取り扱い。
3)　とるべき一連の処置の実施。
4)　回収 / リコールされた製品および在庫にある最終製品は，不適合製品の処置が明確になるまで組織で管理すること。
5)　回収 / リコールの原因，範囲および結果は，文書化された情報を保持しなければならない（記録にしなければならない）。
6)　組織は，回収 / リコールのプログラムの実施および適切な手順（例えば，模擬回収 / リコールの演習）を実施しなければならない。その手順を通じて，有効

性を検証し，かつ，文書化された情報を保持しなければならない（記録にしなければならない）。

9. パフォーマンス評価

9.1 モニタリング，測定，分析及び評価

9.1.1 一　般

組織は，次の事項を決定する必要がある。

1) モニタリング（監視）および測定が必要な対象。例えば，食品安全ハザードが目的通り低減できているかどうかに関して，その実績の成果を見る必要がある。結果として良い成果と良くない成果を確認する必要がある。
2) あてはまる場合には，必ず，妥当な結果を確実にするために，モニタリング，測定，分析および評価を実施する方法を確認する。例えば，CCPs で食品安全ハザードの低減を図る際は，その成果である許容限界を達成しているかどうかを監視しなければならない。
3) モニタリングおよび測定の実施期間。例えば，食品ハザードが目的通り低減できているか，あるいは，バラツキが多く FSMS 全体としてその成果を見る必要がある場合は，頻度を増やす必要がある。
4) モニタリングおよび測定結果の分析，および評価の期間は，組織として，一定期間の成果を見て決めればよい。例えば毎日，あるいは 1 週間に 1 度，などである。
5) モニタリング，および測定の結果を分析，評価しなければならない要員は，組織の目標を評価する責任者か，該当職場の責任者などにすればよい。

組織は，これらからの結果の証拠として，適切な文書化した情報を保持しなければならない（測定結果を保管しなければならない）。

組織は，FSMS のパフォーマンス（測定した成果）および有効性を評価しなければならない。

9.1.2 分析及び評価

組織は，PRPs およびハザード管理プラン（**8.8** および **8.5.4** 参照）に関する検証活動，内部監査（**9.2** 参照）ならびに外部監査の結果を含めて，モニタリングおよび測定からの適切なデータおよび情報を分析し，評価しなければならない。

分析は，次のために実施しなければならない。

1) 食品安全ハザードを含めて，システム全体のパフォーマンス（測定した成果）

が，計画した取り決めおよび組織が定めるFSMSの要求事項を満たしていることを確認するために分析して評価しなければならない。

2) FSMSを更新，または改善する必要性を分析し評価すること。

3) 安全でない可能性のある製品または工程に関する逸脱が，より高い発生率を示す傾向にあるかどうかを調べる必要がある。

4) 監査される領域の状況，および重要性に関する内部監査の計画のための情報を調査して，確立しなければならない。

5) 修正および是正処置が効果的であるという証拠（再発の頻度の状況）を提供しなければならない。

分析結果および分析の結果として促えられた活動は，文書化した情報として保持されなければならない。

注記　データを分析する方法には，統計的手法が含まれている。

9.2 内部監査

9.2.1 組織は，FSMSが次の状況にあるか否かに関する情報を提供するために，あらかじめ定めた間隔で内部監査を実施しなければならない。

1) 次の事項に適合しているか。

(1) FSMSに関して，組織自体が規定した要求事項に適合しているか。

(2) この規格の要求事項に適合しているか。

2) FSMSが有効に実施され，維持されているか。

9.2.2 組織は（内部監査に関して），次に示す事項を行わなければならない。

1) 監査プログラムの計画を確立するときは，その頻度，方法，責任，計画要求事項を確立し，実施し，維持することを明確にしなければならない。
その中で，関連するプロセス（手順）に，重要性，およびモニタリング，測定ならびに前回までの監査結果を考慮に入れなければならない。
監査プログラムには報告書が含まれなければならない。

2) 各監査では，監査基準および監査範囲を定める。

3) 監査プログラムの客観性および公平性を確保するために，力量のある監査員を選択し，監査を実施しなければならない。

4) FSMSが，食品安全方針の意図（**5.2** 参照）およびFSMSの目標（**6.2** 参照）に適合しているかどうかを判断する。

5) 監査の結果は，食品安全チームおよび関連する管理層に報告しなければならない。

6) とった処置の検証および検証結果を報告に含めなければならない。

7) 監査を受けた部署では，監査の結果として指摘された内容に関して，合意された時間枠内で必要な修正を行い，かつ是正処置を実施し，その結果を提出すること。

8) 監査プログラムの実施および監査結果の証拠として，文書化した情報を保持すること。

注記 ISO 19011 は，マネジメントシステムの監査に関する指針を示している。

9.3 マネジメントレビュー

9.3.1 一 般

トップマネジメントは，組織の FSMS が引き続き適切，妥当，かつ有効であることを確実にするため，あらかじめ定めた間隔で，FSMS をレビューしなければならない。

9.3.2 マネジメントレビューへのインプット

マネジメントレビューは，次の事項を考慮しなければならない。

1) 前回までのマネジメントレビューの結果に対してとった処置はどのような状況になっているか。

2) 組織およびその他の状況の変化（**4.1** 参照）を含む，FSMS に関連する外部および内部の課題の変化はどのようになっているか。

3) 次に示す傾向を含めた，FSMS のパフォーマンス（測定した成果）および有効性に関する情報はどう変化しているか。

   (1) システム更新活動の結果（**4.4** および **10.3** 参照）はどのように変化しているのか。

   (2) モニタリングおよび測定の結果はどのような状況か。

   (3) PRPs およびハザード管理プラン（**8.8.2** 参照）に関する検証活動の結果の分析状況はどのように変化しているのか。

   (4) 不適合および是正処置はどのような状況か。

   (5) 監査結果（内部および外部）はどのような状況か。

   (6) 基準に照らした（例えば，法律に基づくもの，顧客の要求によるもの）検査の結果はどのような状況か。

(7) 外部提供者のパフォーマンス（測定した成果）はどのように進捗しているか。

(8) リスクおよび機会ならびにこれらに取り組むためにとられた処置の有効性のレビュー（**6.1** 参照）の結果はどのように進捗しているか。

(9) FSMS の目標がどの程度満たされているのか。

4) 資源の妥当性は適切に展開されているか。

5) 発生したあらゆる緊急事態，インシデント（**8.4.2** 参照）または回収／リコール（**8.9.5** 参照）に関してはどのように展開しているか。

6) 利害関係者からの要望および苦情を含めて，外部（**7.4.2** 参照）および内部（**7.4.3** 参照）のコミュニケーションを通じた関連情報はどのような状況か。

7) 継続的改善の機会はどのような状況か。

これらのデータは，トップマネジメントが，FSMS の表明された目標の情報を関連付けられるような形で提出しなければならない。

9.3.3 マネジメントレビューからのアウトプット

マネジメントレビューからのアウトプットには，次の事項を含めなければならない。

1) 継続的な改善の機会に関する決定および処置はどのような状況か。

2) 資源の必要性と食品安全方針，ならびに FSMS の目標の改訂を含む，FSMS のあらゆる更新および変更の必要性にはどのような状況があるか。

組織は，マネジメントレビューの結果の証拠として文書化した情報を保持しなければならない。

10. 改　善

10.1　不適合及び是正処置

10.1.1　不適合が発生した場合，組織は，次の事項を行わなければならない。

1)　その不適合に対処し，修正するための処置はどのようにとっているか。
(1)　その不適合を管理し，修正するための処置をどのようにとっているか。
(2)　その不適合によって，起こった結果に実施する対処はどのようにとっているか。
2)　その不適合が再発または他のところで発生しないようにするために，次の事項によって，その不適合の原因を除去するための処置をとる必要性をどのように評価しているか。
(1)　その不適合をどのようにレビューしているか。
(2)　その不適合の原因をどのように明確にしているか。
(3)　類似の不適合の有無，または発生する可能性をどのように明確にしているか。
3)　必要な処置をどのように実施しているか。
4)　とったあらゆる是正処置の有効性をどのようにレビューしているか。
5)　必要な場合には，FSMS にどのような変更を行ったか。

是正処置は，検出された不適合のもつ影響に応じたものでなければならない。

なお，不適合に関しては，モニタリングに関連する不適合は「**8.9**」で処置し，内部監査に関する不適合，およびその他の不適合は，基本的にはそれぞれの不適合に的を絞って対応するとよい。そのうえで，関連ある不適合に関しては本項「**10.**　改善」でまとめるのがよいと考えられる。

10.1.2　組織は，次に示す事項の証拠として，文書化した情報を保持しなければならない。

1)　その不適合の性質およびそれに対してとったあらゆる処置にはどのようなものがあるかをまとめるのが良い。
2)　是正処置の結果はどのように有効であったかをまとめるのが良い。

10.2　継続的改善

組織は，FSMSの適切性，妥当性および有効性を継続的に改善しなければならない。

トップマネジメントは，コミュニケーション（**7.4** 参照），マネジメントレビュー（**9.3** 参照），内部監査（**9.2** 参照），検証活動の結果の分析（**8.8.2** 参照），管理手段および管理手段の組み合わせの妥当性確認（**8.5.3** 参照），是正処置（**8.9.3** 参照）およびFSMSの更新（**10.3** 参照）の使用を通じて，組織がFSMSの有効性を継続的に改善をどのように実施しているかということを明確にする。

10.3　食品安全マネジメントシステムの更新

トップマネジメントは，FSMSが継続的に更新することを確実にするようにしなければならない。これを達成するために，食品安全チームは，あらかじめ定めた間隔でFSMSの成果を評価しなければならない。食品安全チームは，ハザード分析（**8.5.2** 参照），確立したハザード管理プラン（**8.5.4** 参照），および確立したPRPs（**8.2** 参照）のレビューが必要かどうかを考慮しなければならない。更新活動については，次の事項に基づいて行わなければならない。

1）内部および外部コミュニケーションからのインプットはどのように実施しているか（**7.4** 参照）。
2）FSMSの適切性，妥当性および有効性に関するその他の情報からのインプットはどのようなものがあるか。
3）検証活動結果の分析からのアウトプットにはどのようなものがあるか（**9.1.2** 参照）。
4）マネジメントレビューからのアウトプットにはどのようなものがあるか（**9.3** 参照）。

システム更新の活動は，文書化した情報として保持され，マネジメントレビューへのインプット（**9.3** 参照）として報告されねばならない。

索　引

【ア　行】

【カ　行】

【サ　行】

索　引

【タ　行】

【ナ　行】

【ハ　行】

【マ　行】

【ヤ　行】

【ラ　行】

◆ 矢田富雄（やた　とみお）略歴

1960 年　横浜国立大学工学部卒業
1960 年　味の素株式会社へ入社
　　　　同社川崎工場，中央研究所，九州工場，インドネシア味の素（出向），本社生産技術部門，
　　　　製品評価部門，食品総合研究所勤務
1996 年　社団法人 日本農林規格協会出向
　　　　（各種業界の食品安全システム制定指導）
1997 年　財団法人 日本品質保証機構出向

その後，㈱東京品質保証機構，㈱国際規格研究所，㈱テクノファ食品安全マネジメントシステム（IRCA/JRCA 認定）主任講師を経て，現在，湘南 ISO 情報センター代表

技術士
IRCA 登録　食品安全マネジメントシステム主任審査員
JRCA 登録　食品安全マネジメントシステム主任審査員
JRCA 登録　ISO 9001 主任審査員

現場視点で読み解く　ISO 22000：2018 の実践的解釈

2019 年 4 月 30 日　初版第 1 刷　発行
2020 年 4 月 10 日　初版第 2 刷　発行

著　　者　矢田富雄
発 行 者　夏野雅博
発行所　株式会社　幸書房
〒 101-0051　東京都千代田区神田神保町 2-7
TEL　03-3512-0165　FAX　03-3512-0166
URL　http://www.saiwaishobo.co.jp

組　版　デジプロ
印　刷　シナノ

ISBN 978-4-7821-0436-1　C3058